寵愛自己的樂活之道

U0032315

芳香保健
DIY

樂活女王
呂秀齡————著

【推薦序】

簡單的魅力，你也做得到！

柯翠馨

　　幾年前，德國知名作家徐四金的小說《香水》流行時，學生曾經問過我：「老師，嗅覺不是五官知覺中，最容易被忽視的嗎？為什麼香水和精油會那麼盛行？還會繼續流行下去嗎？」

　　我給學生的答案是肯定的。隨著生活的精緻化，香氛不僅會繼續盛行，更會被發揚光大，成為一門顯學。

　　嗅覺之所以常被忽視，在於它稍縱即逝，不易被描述和保存；然而，它的影響力不容小覷，越來越多腦科學專家透過實驗在證明這件事。

　　如今，香水和精油已成為感性、浪漫的代名詞，更是仕女、型男的必備之物，尤其近年來廣受世人喜愛的精油，正式進入我們的生活，在無數醫藥界、美容界菁英投入研究後，證實精油對你我的生活能有更大的貢獻，提供我們另一種保健的選擇。

　　在許多歐美家庭，當孩子輕微發燒；當運動不慎扭傷時；當深夜臨時牙痛；當女性經痛或更年期不適，他們都會搬出家庭保健箱，以精油配合各種使用方法來緩和不適，也在這個過程中，益發了解自己和家人的健康。

　　呂秀齡老師擁有醫藥學識背景，佐以多年的美容和精油專業，她不僅是精油芳療的權威，更是生活美學的專家，當我得知她在商周出版公司的邀請下決定出書，不禁額手稱慶，因為大家有福了。這本書，跨越了一般人對於精油的既定用法，統合了保健、營養、芳療和生活創意，讓人耳目一新。

　　以現代工作人飽受困擾的頭痛問題為例，書裡扼要解釋了頭痛的類型，提供飲食調理原則、私房茶飲，然後提供精油配方，教大家如何用按摩和冷敷緩和頭痛——作者捨棄了深奧的理論，無須準備特別的工具，輕輕鬆鬆就把保健和芳療導入生活，而且每個人都能跟著做——這種特性，我稱之為「呂老師的簡單魅力」。

　　我誠摯地推薦本書，歡迎大家一起走入呂老師的健康世界！

（本文作者為中國文化大學生活應用科學系副教授，
暨海外青年技術訓練班美容SPA科主任）

醫病關係之外的另一種福音

孫海倫

精油是從芳香植物萃取出來的,以天然為貴,近年來廣受歐美人士喜愛,進而推展至全世界。芳香療法是一種自然療法,以按摩、薰香、嗅吸、沐浴等不同方法,透過皮膚或呼吸道吸收精油,讓壓力釋放、精神放鬆,使身體逐漸達到平衡。

然而,精油是很新式的科技產物嗎?並非如此。早在西元十世紀,波斯人便發現可以用蒸餾法來萃取精油;到了十一世紀,阿拉伯醫生進一步發明水蒸餾法,成功取得高品質的大馬士革玫瑰精油。

至於使用芳香植物,更是古老的智慧。在西方,幾千年的古巴比倫帝國就燃燒柏木驅逐瘟疫,古埃及在祭典上使用大量的乳香,古希臘醫學之父希波克拉底記載了三百種以上的草藥藥方,還發現白楊木具有止痛和對抗瘟疫的療效。十三世紀的義大利波隆納醫學院把精油製成的麻醉劑應用在外科手術上;第二次世界大戰中,法國醫生珍·瓦涅用精油來治療傷兵……。

　　東方也不遑多讓，我們有神農氏嚐百草，到了明代，李時珍的《本草綱目》中，光是植物藥材就多達一千種以上，提到茉莉便清楚指出「蒸油取液，作面脂，頭澤長髮，潤燥香肌」，提到薄荷則說「辛能發散，涼能清利，專於消風散熱」；在古印度阿輸吠陀醫學中，則把檀香視為養生保健之物……。

　　上蒼造物自有其理，箇中奧妙值得探索，每種芳香植物的成分和功效不同，倘若鑽研有得，有利於身心保健，未嘗不是醫病關係之外的另一種福音。呂秀齡老師專業熱忱，這位聰慧的女士以擅長芳香療法而聞名，對於精油瞭若指掌，在經絡按摩方面多有研究，常受邀於企業、學校、社團，教導各年齡、各階層的民眾如何將精油應用在生活中。

　　欣聞呂老師大作即將出版，我衷心祝福每位讀者可以跟隨她的腳步，充實芳療知識、學習巧妙的用法，並關注自己和家人的健康，以精油呵護身心靈，享受精油帶來的更多樂趣。

（本文作者為中山醫學大學醫學系助理教授暨
中山醫學大學附設醫院主治醫師）

【推薦序】
每個家庭都應擁有的好書

黃金蓮

　　從事護理工作這麼久，凡是能幫助緩解痛楚、有益於身心健康的事物，我都賦予肯定，這幾年在台灣特別盛行的精油芳香照護，便是其中之一。

　　精油的運用帶給照護者更多選擇，這是很棒的一件事。我的好朋友呂秀齡對精油有多年研究，還有用不完的創意，每每帶給我莫大的驚喜。她的妙點子很多，大家可以隨喜好與需求自行選擇，生活也變得浪漫有趣。

　　礙於氣候和環境，居住在台灣本島的民眾呼吸道普遍較弱，其中最令人頭疼的是咳嗽。秀齡在書中教大家如何用精油製作空間噴霧劑，以便淨化空氣、預防感冒；至於夜咳、有痰咳不出的頑固性咳嗽，或是吸菸過多造成的喉嚨不適，都有不同配方的精油能派上用場。

　　又好比上班族常見的腕隧道症候群，開刀與否令人猶豫，秀齡教大家用精油製作香氛泡手錠，簡單易學，卻可以活絡局部血流，促進手指末端循環，真是實用的好方法。

　　秀齡還教導大家如何用精油疼惜長輩。銀髮族常有退化性關節炎，在季節變化時，會覺得關節緊痛、不敢運動，這時如果用月桂精油加熱水熱敷疼痛部位，便可緩解不適；照顧失智老人，以熱帶羅勒、薑、黑胡椒等精油，使用噴霧水氧機擴香，製造出來的芳香氛圍有助於訓練老人的專注力。

　　這本書是每個家庭都應擁有的好書，能協助我們照顧家庭所有成員。我向來主張每個人應學習疼愛自己，現在只要您願意，請跟隨秀齡老師，用芳香保健呵護全家人吧！

（本文作者為壢新醫院副院長、
國立台灣大學附設醫院護理部前副主任）

【推薦序】

邁向樂活保健人生

趙磐華

　　「樂活」一詞是由英語「Lifestyles of Health and Sustainability」的縮寫「LOHAS」音譯而來，從中文字面去詮釋，「樂活」可說是——生活上的一切作為，均以符合「快樂的生活」與「健康的人生」為依止。也是現代人所共同企盼的生活方式。

　　本書作者呂秀齡老師以其豐富的學識，已取得國內、外頒授芳香療法與藥學等多項專業技術合格認證，以及累積二十多年在該領域之實務操作、證照教學、分享專題講座與擔任政府機構所舉辦各級技術證照檢覈裁審監評委員……等豐碩閱知與經驗，再加上自身紮實的藥學素養學歷背景，以跨越中、西醫之生理、藥理、美容化妝、精神與保健等不同學術領域，針對目前一般人在日常生活裡經常發生的需求項目，包括：精神、胃腸、呼吸道、居家生活與上班族之保健，以及女性生理、銀髮族照護，加上芳香魅力、美顏美髮美體、社交禮貌（儀）等身心與性靈建議，從多重角度詮

釋，解決五十個切身困擾與疑難。全書分成九個篇章，以深入淺出、生動易懂的文字，說明其成因、功能、預防、調理與相關應用，各篇章娓娓道來，配合作者精心編繪的圖示與照片，實乃一本極適合一般普羅大眾閱讀的好書。

本書不僅是值得您擁有與珍藏的保健養生寶典，也是引領大家邁入樂活生活、優雅人生的重要書冊。全書標榜著綠能的生活、天然的飲食營養、親近青山綠地的休憩活動，與政府刻正推動符合綠能減碳之「生活農業」、「生態農業」與「生機農業」之「三生農業」相與謀合，故樂予為序。

（本文作者為行政院農業委員會參事）

CONTENTS
目錄

將芳療帶入你我生活中

我很喜歡一個浪漫的說法，曾有人說，精油是植物的靈魂。
那麼有幸接觸精油，用芳療呵護家人的你我，
就是用愛擁抱植物的靈魂吧！

請珍視你與每一朵花的緣份

由於先生職務的關係，我曾在淡水鎮居住四年多。在搭乘捷運，往返於台北、淡水之間，我常抱著愉悅的心情欣賞沿路兩側的各種植物，感激它們用美好的姿態豐富我的視覺。坐看春去秋來，靜賞花開花謝，植物更迭之自然美的變化，令我不由得讚嘆大自然的奧妙。

曾在初春之際，讓我幸運見到難得一見的馬拉巴栗果實，那青芒果似的模樣有種羞澀的可愛，令我不禁微笑以對。它和我平日愛吃的糖炒栗子，其實是同屬不同種的親戚；也令我聯想到課堂中，常談及對人體健康很重要的植物油。

植物油的萃取大都源自果實、種子、果仁等，每一滴油的來源，皆是眾人辛勤的成果。我殷殷叮嚀著學生，每一滴油都應善加珍惜；當打開精油時，更要珍視你與每朵花的緣份，好好品味它的芳香。

芳療，提供了生活更多選擇

曾經有人質疑，精油除了提供香氛浪漫之外，焉能對健康發揮作用，進而質疑芳療的效果。

經過長時間的臨床經驗，芳療被證實具有獨特的效果。如今在法國，芳療已與傳統的醫藥結合，醫師可以專攻芳香

療法；英國人則針對需做特別護理的老年病患、身心障礙者，以芳香療法做為輔助療法，幫助病患放鬆心情；在歐洲和澳洲更廣泛使用精油，且發現其芳香照護的功效極佳。

　　站在芳療教學的第一線，我深深體悟到，芳療興盛後，提供人們更多的選擇。做為女人，我很理解女性朋友身受經痛折磨的痛苦，以往除了抱熱水袋、喝黑糖薑茶或紅豆湯，更多人選擇吃止痛藥，但止痛藥吃多了又怕傷身。當我在芳療課程中介紹，將快樂鼠尾草、羅馬洋甘菊、薰衣草等精油和基底油、月見草油調勻，輕揉按摩腹部和後背，或把上述精油滴在毛巾上熱敷腹部。女性學員無不趨之若鶩，甚至有男性學員告訴我：「老師，謝謝您，我老婆說經痛的感覺真的減輕了！」

用精油疼惜自己、守護家人

　　我從事的工作是成人教育，芳療是其中很重要的一門課程，因授課的關係，學生會回饋給我很多經驗個案。我最高興聽到學生說：「呂老師，我姊常熬夜，黑眼圈很嚴重，我照老師說的方法調油幫她按摩，現在姊姊的黑眼圈幾乎看不見了！」、「老師，我媽媽的便秘困擾，因為調油做淋巴按摩有很大的改善！」這些見證，讓我深信這是一份隨手可行且能利他也利己的好工作。

　　人難免有病痛，當親友住院，我都會熱心提醒，記得用檸檬和杜松漿果來淨化病房空氣；如果需要幫臥床的病人處理大小便，別忘了在口罩內灑佛手柑和檸檬精油，便能蓋過不佳的氣味，這樣，也能顧慮到照護者的心情。

當我獨處時，總會換上舒適的拖鞋，替自己泡杯薄荷茶飲，播放最愛的自然音樂，同時用大西洋雪松擴香——它的氣味讓我覺得自己像坐在廣大森林中，整片大地與我同在，參天雪松是我的依靠，所有的紛擾迷惘都逐漸沉澱，我的心，得到安頓自在——這是我疼惜自己的方法。

我的家人也因我接觸精油而得到更好的照顧。有一回，父親的小腿不小心撞到鐵板，嚴重的瘀血令他老人家痛得整晚難以入眠。我用永久花、薰衣草和岩玫瑰調聖約翰草油，請他睡前塗抹。隔天一早，老爸爸很興奮地打電話給我，說他昨晚一夜好眠，早上起床後發現腿上的瘀青也消退許多。

精油的使用，是藝術，是科學，也是哲學。透過這本書，歡迎所有的同好、學員與我一起把精油的美好發揮到極致，將芳香保健帶入你我的生活中。

能順利出書，當然要感謝商周編輯團隊的群策群力，用心與專業；更要感謝好友們的付出，包括文字整理、校對，以及提供寶貴的意見和在攝影現場的協助——余陽輝先生、士傑、素貞、益欣……等諸位老師和卡爾儷團隊的右偵、Jenny……等，他（她）們在各自領域都非常專業。在因緣際會下，我們相聚、相惜，共同完成本書的文字和圖片的展現，豐富書的視覺與美學的饗宴。

我個人非常珍愛這本書，希望你（妳）也和我一樣喜歡它。不過，醫學資訊日日更新，書中若有未盡完善之處，也希望讀者們不吝指教。

第一篇

寧為女人

寧為女人身，月月有「女子」事！

　　我的小學同學珍珍在大學時主修日文，畢業後靠著努力和機緣，現在已成為優秀的口譯專員，專為訪日的企業台商提供口譯服務。長年往返台、日兩地的她，和我分享了一個非常有趣的日本女性辦公室文化。

　　她說，日本的女性上班族在「好朋友」來訪前幾天，會在辦公桌上擺放一個花瓶，瓶裡插上一朵玫瑰花，像在「昭告」同事：「此後幾天，本人的『好朋友』來訪，情緒難免起伏，若有得罪之處，請多多包涵！」

　　聽完，我覺得很溫馨。的確，生理期牽繫著女人大半輩子的身心，在這期間需要更多的包容與關愛，可惜的是，絕大多數女人不太懂得疼惜自己，週遭的人也沒有這種概念。

　　女性身負著生育大任，生殖系統健康與否攸關終生幸福，很多婦科疾病更與生理週期息息相關，如何安然地度過青春期、生育期和更年期，是每位女性的重要課題。

　　從經前症候群的水腫與煩躁、經期間的疼痛、月經週期的混亂，甚或停經後的更年期症候群，都可適當運用飲食和芳香護理來照顧自己，不僅能輕鬆擺脫困擾，還能沉浸在美好的香氛中，享受樂趣與自在，很值得大家來嘗試。

經前症候群——
好朋友來訪前的紛紛擾擾

雪芳是個樂於與人為善的女孩，剛出社會不久的她有感於形象塑造的重要性，因而選修了我的絲巾魔法課程，我們也成為無話不談的忘年之交。雪芳告訴我，會計結帳是有週期的，在特別忙碌的那幾天，同事之間很容易起衝突。她本以為單純是工作壓力大，後來不經意發現，衝突過後不久，就會有很多人拿著「小包包」上廁所，因為月經來了！

「呂老師，發脾氣和月經要來，真的有關係嗎？」雪芳請教我：「如果真有關係，有辦法幫助同事們改善嗎？」

我打心底稱讚這個nice girl！我告訴雪芳，女性生理週期並非單純指月經多久來一次、一次來多久，還包括這28天左右的生理變化。「經前症候群」並不是病，但不可否認的，很多人的生活受它干擾不輕，小則自己不開心、不舒服，大則傷害到人際關係和婚姻幸福，幸好，這是有辦法改善的……。

瞄準保健

月經來臨前兩、三天到二週前，在生理上會出現發熱潮紅、噁心、倦怠、胸部下腹部腫脹、脹氣、便秘、腹瀉，甚至嗜睡、失眠等超過150種症狀，其中最常見的是頭痛和勞累。情緒上則容易憂鬱、易怒、敏感、情緒不穩等，但只要月經一來或經期結束，這些情況就會獲得紓解，這就是經前症候群。

遺傳、荷爾蒙失調、壓力、營養不足、不良的生活習慣、病毒感染、抽菸、過勞、環境污染等都是可能的觸發因素。一般相信根本原因是因為荷爾蒙的暫時性失調。另有一說，認為是大腦中缺乏血清素。

研究顯示，若有嚴重經前症候群者，日後產生產後憂鬱、更年期障礙及各種身心疾病的機會，將比一般人來得高。

寶貝自己

- 規律作息，避免熬夜及過度疲勞。持續的運動：如散步、慢跑、騎單車、游泳及各式有氧運動等，每週至少3次，每次至少20至30分鐘，可幫助身體製造腦內啡（endorphin）來改善症狀。

- 做好情緒管理：學習放鬆心情，設法紓解壓力；避免因過度節食、減肥、環境改變或精神上的刺激而改變荷爾蒙分泌，造成無月經、月經過期或過多等不正常狀況。

- 絕大多數的症狀只要改善生活型態、配合飲食改變、減少壓力等即可獲得紓解。

- 務必戒菸，因為抽菸會降低血糖濃度。

- 儘量利用喜歡的事物來愉悅自己，例如下班後看場喜歡的電影、窩在家裡看喜歡的小說、和朋友相約唱歌等，都能分散自己的焦慮。

飲食調理

從排卵期開始，飲食最好清淡，多攝取低脂、高纖維、穀類、豆類、蔬果類食品。

- 多吃富含維生素B_6的食物，如：啤酒酵母、麥麩、香瓜、包心菜、牛奶、蛋、牛肉、麥芽等，可幫助合成血清素。

- 避免太鹹、過甜、生冷及高脂肪食物。像是油炸食品、咖啡、茶、乳製品、巧克力、酒精、鹽、紅肉、糕餅、冰品類等。

- 維生素E可以改善貪食及情緒不穩的症狀。

- 補充足夠的鈣質（建議每天1000至1200毫克）及鎂，後者可有效輔助鈣質的吸收。並補充維生素D，可緩解偏頭痛及經痛。

● 每天2至4顆月見草油膠囊（從經期前10天開始），可調整荷爾蒙的不平衡，減少乳房脹痛。

● 不要刻意或大量吃甜食，以防止血糖不穩定，更加消耗體內維生素B群與礦物質，反而加重症狀。

● 減少鹽份的攝取，因為鹽分會造成水分滯留，所以醃漬品、煙燻食物儘量別碰。

● 過多含咖啡因的飲料會引起焦慮與情緒起伏，同時消耗維生素B群，破壞碳水化合物的新陳代謝。

樂活保健

芳香照護對經前症候群的效果極佳，常用的精油包括佛手柑、薰衣草、玫瑰天竺葵、羅馬洋甘菊、玫瑰、茉莉，只要在室內使用負離子擴香器，就可以放鬆心情享受香氛。尤其月經來前10天左右，可從上述精油任選3種，進行薰香照護。

有些女性在月經前，會出現身體水腫及情緒低等症狀，這時，我會建議改用天竺葵、甜茴香、快樂鼠尾草等精油各4至5滴按摩腹部和小腿，既能消除水腫，對於經血的排出具有疏通作用。

我常告訴學員，規律的全身按摩對經前緊張很有幫助，使用的油類需依特定狀況而定，例如7至10滴的薰衣草、天竺葵和洋甘菊精油，加入2盎司（約60ml）的基底油中，還可加上1大湯匙（約15ml）的月見草油，這是女性戰勝心情煩躁的特效秘方。

溫馨推薦 1 嗅吸	配方	薄荷10滴+薰衣草10滴+洋甘菊10滴，滴入深色精油瓶內，即為複方精油。
	用法	每次滴在衛生紙上，直接嗅聞。使用方便，一天3-5次即可。
	效用	可快速減輕頭痛和情緒不佳。洋甘菊以羅馬洋甘菊為首選。

溫馨推薦 2 按摩	配方	玫瑰天竺葵10滴+薰衣草10滴+快樂鼠尾草10滴+月見草油10ml+甜杏仁油20ml
	用法	按摩於肚臍以下、骨盆以內的下腹部及足部，特別是小腿內側。
	效用	可解除小腿腫脹和下腹部悶痛的感覺。

溫馨推薦 3 按摩	配方	快樂鼠尾草4滴+薰衣草8滴+玫瑰6滴+甜杏仁油30ml
	用法	調勻後，用4指指腹螺旋按摩腹部及塗抹後背下半部。
	效用	舒暢血流及調整荷爾蒙失衡。

溫馨推薦 4 芳香浴	配方	薰衣草3滴+玫瑰2滴+玫瑰天竺葵+2大匙（30公克）海鹽
	用法	經期前10天起，一周2-3次，加入溫熱的水泡澡5-8分鐘。
	效用	促進體內血液及淋巴液循環，使身體放鬆，平和焦躁情緒。

聞香瓶隨時享受香氛

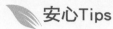 安心Tips

- 若正在服用避孕藥者，可停藥一段時間，有助於症狀改善。
- 規律固定的全身按摩，對於經期前的緊張症狀很有幫助。
- 請依個案諮詢專業醫師接受黃體素製劑、抗憂鬱藥物……等藥物治療。

你也可以這樣做

- 以5%至10%的劑量調成按摩浴油，塗抹下半身再進浴缸泡澡，效果相當顯著。

- 若想改善情緒，建議選擇喜愛的花香，如玫瑰、橙花、茉莉、晚香玉、梔子花等，每天進行薰香、泡澡，或在沐浴後塗抹乳液，好好寵愛自己。

經痛，90%生育年齡女性都曾經歷

　　好友玉萍從小就會生理痛，她的寶貝女兒佳佳竟然也是如此，月經來潮前若遇到段考、運動會，疼痛的程度會更嚴重，經常得靠止痛藥來解決。玉萍曾自責地問我，女兒的經痛是不是她遺傳的，也擔心佳佳依賴藥物，會不會有不好的後遺症。

　　很多年輕女孩說下輩子絕不當女人了，因為每個月總有幾天很麻煩，甚至得忍受經痛；還有人說，如果不生小孩，要月經做什麼呢？

　　但你可能不知道，月經對於女生，真的是好處多多。科學家甚至認為，月經是女性比男性更長壽的原因之一，月經等於週而復始、規律地調節體內新陳代謝，藉由經血的排出，等於幫身體來一趟除舊佈新，清除有害物質。

　　因為經痛，女性對月經抱著既期待又怕受傷害的情結。我寬慰玉萍，經痛並非女性必然的命運，雖說引起經痛的原因很複雜，但只要好好調養和照護，多數是可以改善的。

瞄準保健

　　經痛發生在月經來之前的幾個小時或月經來了以後，主要在恥骨上方、下腹部產生痙攣性疼痛及陣痛，嚴重時會放射延伸到腰薦椎、後背部及大腿處。最劇烈的疼痛通常發生在經期的第1天內，持續2至3天；隨著年齡增長及分娩，症狀會逐漸減輕或消失。

　　體質和遺傳可能是經痛的原因之一，然而心理、情緒因素（如壓力過大）更會使女性對疼痛的忍受力降低，使經痛程度加劇。根據一項調查發現，蔬菜、水果攝取量不足，以及油脂攝取比例過高的女性，比較容易出現經期不適的症狀。

遺傳、荷爾蒙失調、壓力、營養不足、不良的生活習慣、病毒感染、抽菸、過勞、環境污染等都是可能的觸發因素。一般相信根本原因是因為荷爾蒙的暫時性失調。另有一說，認為是大腦中缺乏血清素。

研究顯示，若有嚴重經前症候群者，日後出現產後憂鬱、更年期障礙及各種身心疾病的機會，將比一般人來得高。

寶貝自己

- 注意飲食習慣，攝取低鹽清淡的食物，保持充足睡眠及規律生活，不熬夜，加上適度運動，以鬆弛身心，增強抵抗力，減輕經痛。

- 經痛時，可用熱水袋熱敷下腹，幫助腹盆腔血液循環，便能紓緩疼痛。溫水浴也有鬆弛肌肉、有助於經血排出、緩和經痛的效果，但最好以淋浴代替盆浴，同時要注意水質的衛生。

- 穿著上，以能夠維持腹部保暖為原則，最好不要穿過緊的衣褲；生理期間如果腹部受寒或穿太緊，易使骨盆的瘀血更為嚴重。

- 起身做做簡單的伸展操，一方面可促進血液循環，另一方面可一掃生理期的陰霾心情。或可試試腳底按摩，讓血液從四肢末梢、腰部及腹部，循環暢通起來。

- 玫瑰是女人的好朋友，而好心情對於改善經痛是有幫助的。月經來潮時，幫自己沖杯溫熱的玫瑰花茶（參見33頁），邊啜飲邊聆聽輕柔的音樂，等月經過後，再利用玫瑰花瓣泡澡，告訴自己，又是一個全新的開始。

飲食調理

- 生理期間可喝點熱紅豆湯、熱桂圓紅棗茶、熱枸杞茶、熱巧克力，或是熱黑糖薑茶等，因為甜食可以紓解情緒，並因含有豐富熱量，能增加血液循環，減緩平滑肌的收縮與血管痙攣，有助於緩解經痛。

- 月經期間尤須注意保持排便順暢，以減少腹部受壓迫的不舒服感，應多吃新鮮且易消化的食物，但不宜吃得太飽，記得多喝溫開水。

- 女性平時就應補充含鐵量高的食物，如蘋果、葡萄、深綠色蔬菜、紅豆等，而非等到月經來才拚命吃。

- 偏頭痛、經痛厲害時，可補充鈣、鎂等礦物質，還有維生素D。

- 有大量失血情形的女性，可多攝取菠菜、蜜棗、紅菜（湯汁是紅色的菜）、葡萄乾等高鐵質食物來補血。

- 少吃泡菜、酸菜、楊梅、櫻桃、芒果、李子、檸檬、橘子、青梅、青蘋果等酸澀食物，因為它們具有收斂作用，易使血管收縮，加重腹脹的不適感。

- 少吃梨、西瓜、柚子、涼拌黃瓜、涼拌蘿蔔、螃蟹等生冷或寒性食品，經期前後食用會使體內血液流動變慢，導致經行不暢而產生經痛。

- 嚴禁生冷飲品，以免加速子宮收縮，同時血管遇冷也會瞬間緊縮，經血量也會跟著變少。

- 太多高鹽食物，使體內貯存的鹽分和水分容易滯留，易使經期出現頭痛、不安、激動、易怒、全身腫脹等現象。

- 經期間為方便排出經血，女性凝血機能最差，而阿斯匹靈、魚油和銀杏等類食物會妨礙血液凝結，所以不宜在月經期間服用，以免流失過多血液。

- 咖啡因含量高的飲料，如茶、咖啡、可樂等，易造成神經過於緊張，反而會使情緒更加煩躁。

樂活保健

處理經痛問題的5大精油是薰衣草、玫瑰、洋甘菊、快樂鼠尾草和肉桂葉；其中，薰衣草以喀什米爾薰衣草效果最佳，洋甘菊則建議選用羅馬洋甘菊。

按摩是解決經痛的常用方法，複方按摩油的濃度以3%至5%為宜。按摩時先平躺，將膝蓋屈起，再將精油塗抹在下腹部（肚臍以下），用右手掌按在左手上，用指腹循順時針方向深層按摩，也可在平時每晚睡前進行。

溫馨推薦 1 塗抹	配方	玫瑰2滴+洋甘菊2滴+薰衣草4滴+乳液30ml
	用法	每晚塗抹於腹部和下背部（靠近腰部至薦椎處）。
	效用	調和身心焦慮，平衡內分泌，調順血流，有效緩解疼痛。

溫馨推薦 2 按摩	配方	快樂鼠尾草2滴+天竺葵5滴+羅馬洋甘菊3滴+月見草油5ml+甜杏仁油5ml
	用法	每晚塗抹於腹部和下背部（靠近腰部至薦椎處）。
	效用	釋放腹部肌肉糾結的緊繃感，讓經血順利排出、減少生理痛。

溫馨推薦 3 按摩、芳香浴、熱敷	配方	快樂鼠尾草5滴+羅馬洋甘菊10滴+薰衣草15滴+基底油20ml+月見草油10ml
	用法	調勻後，輕揉按摩腹部和後背，也可以將上述精油滴在毛巾上熱敷腹部，或在溫水中加入8至10滴上述精油進行芳香浴。
	效用	減輕疼痛、紓解壓力和緊張。

安心Tips

● 若發生不同於以往形式或程度的經痛，應立即前往醫院接受檢查，以確定是否有骨盆腔器官病變，才能對症下藥。若確定為續發性經痛，醫師會依據不同病況給予藥物或手術處理。建議應早期診斷、早期治療，以免影響日後生育。

● 若需服藥，應在疼痛未出現前服用，才能發揮作用。

你也可以這樣做

● 肉桂精油具有補身效果，能強化生殖系統機能，常經痛的婦女可用它來調油按摩，促進血液循環。

● 經痛難忍時，用喀什米爾薰衣草，搭配羅馬洋甘菊精油，調油後塗抹在下腹部，疼痛很快就能解除。

月經失調——
多久來、來多久，都是問題！

　　每次演講結束，我常被學員圍著發問，久而久之，發現有一群女學員特別客氣，她們總對男士說「您先請！」等人潮散去了，才靠過來問我：「呂老師，請問怎樣可以讓月經準時報到？」

　　無論社會再開放，東方女性還是相對含蓄的，與月經有關的話題，總是不好意思在異性面前討論。然而，月經失調並非年輕女孩特有的困擾，包括輕熟女、熟女、中年婦女，都可能蒙受困擾，包括來不來？多久來？來多久？來多少？這些都是問題。

　　我很喜歡告訴年輕女孩：「妳將來的身體，決定於妳現在的態度。」即使現在妳的月經狀況還算OK，也請別大意，好好保重自己，「好朋友」才會和妳和睦相處一輩子。

瞄準保健

　　月經是否失調，可從三方面來判斷：一是週期的規律性，二是經血量，三是經期的長短。簡單地說，月經失調（或稱月經不順）的問題通常是指經期不規則、月經過多、經期次數過少等。

　　約有40%月經失調的人，在檢查過後找不出病因，這些即是所謂的功能性失調。像是壓力或情緒問題會造成內分泌失調，減少排卵，不過經血量會比往常少，而不是過量。

　　有些人為了減肥而拚命節食，或是吃些不當的減肥藥物，造成營養不良或是營養不均衡，也可能影響荷爾蒙的分泌。身體是很敏感的，當便秘發生，或是生理期間感冒，也可能引發月經失調。

寶貝自己

● 檢討生活型態和情緒因素，保持輕鬆的心情，設法減壓，使心境開朗，再忙碌都要找時間休息，並做適當的運動。

● 在經期期間，適度保暖會使多數女性感覺舒適，並可避免受到風寒而引發月經紊亂；可用熱敷墊或熱水瓶來保暖。

● 規律的生活作息，充足的睡眠和休息、不熬夜、不吸菸、不酗酒，都可以改善內分泌失衡，降低月經失調的可能。

● 很多女性在辦公桌、電腦桌前，一坐就是一整天，不但容易腿部浮腫、發麻，不利下肢循環，還容易造成經期提前或延後、排出不順、血塊、血色暗、稀等問題。因此平日應多運動，每週運動2至3次，每次20至30分鐘，例如慢走或游泳，都能使腿部有好的循環並增加肌力。

飲食調理

在生理期報到前2個星期，就要開始注意均衡的飲食——

● 早餐一定要吃，尤其是含有維生素A、維生素B_6、維生素E和鈣、鎂、鋅的食物，都能有效緩解經期前症候群與不順的困擾，如：動物的肝臟、豬肉、雞肉、魚、蝦、貝類、蛋、馬鈴薯、大豆、豆類、紅蘿蔔、黃綠色蔬菜、小麥胚芽、杏仁等乾果類、糙米、香蕉、橘子、燕麥、番茄、酵母菌、牛奶、各種乳製品、小魚乾、蝦米等。

● 含維生素B群的食物，尤其是B_{12}，可促進紅血球的活力和暢通血流；如糙米、燕麥、肝臟、牡蠣、鮪魚、綠色蔬菜、香蕉等。

● 含維生素C群的食物，可幫助鐵的吸收和再利用，促進紅血球機能。例如柳橙汁、金桔檸檬汁、葡萄柚汁、奇異果汁等。

● 補充礦物質，尤其是鐵和鈣，既有助於造血，又可幫助情緒穩定、減輕不適。富含鐵質的食物如肝臟、魚類、海參、海帶、紫菜、

香菇、黑木耳等。若有在口服避孕藥者宜多攝取鈣質，富含鈣質的食物如牛奶、優酪乳、乳酪、吻仔魚、丁香魚、鮪魚、豆腐等。

● 富含Omega-3脂肪酸、亞麻油酸的食物，如鮭魚、青花魚、月見草油。

● 補血食物，如蘋果、葡萄、豬肝、腰子、南瓜等都是不錯的選擇。

● 多飲用含活性乳酸菌飲料，可有助於增加陰道益菌，減少感染。

● 減少醣類、鹽分的攝取，以維持穩定的血糖濃度。

● 忌食任何冰品、冷飲，以免子宮收縮加速，血管緊縮使經血量變少；並刺激前列腺素分泌，讓經痛更嚴重。

● 少吃寒、涼性食物，如：鴨肉、蛋白、螃蟹、海螺、蚌肉、海帶、紫菜、西瓜、香蕉、梨、甘蔗、柿子、奇異果、楊桃、竹筍、冬瓜、黃瓜、絲瓜、苦瓜、黃豆、豆腐、芹菜、菠菜、金針、茄子、蓮藕、萵苣、筊白筍、薏仁、茶葉、綠豆、綠豆芽、鹽、醬油、白糖等。

● 避開含酒料理，如薑母鴨或麻油雞湯等。酒精會加速子宮收縮，增進體內血液循環，使經血量變多、讓人覺得悶痛不舒適。

● 不吃太酸或太辣等刺激性食物，這些都容易導致肝氣鬱結，氣滯血瘀、讓經血流量變小、排出困難。

● 暫停服用補氣食品，像是當歸、四物、人蔘等，當歸活血可能會造成流量變大，四物及人蔘則會補氣止血。建議等經期結束後再服用。

● 少喝含咖啡因的飲料，例如茶、咖啡、可樂和可可。

● 月見草油有γ-次亞麻油酸，可調節女性荷爾蒙，但生理期不適合服用。

樂活保健

針對月經失調的女性，羅馬洋甘菊、玫瑰、快樂鼠尾草、薰衣草、杜松漿果和迷迭香這6種精油最合適，可組合出多種芳香護理法。

芳香浴有助於放鬆，全身按摩能促進循環、增加肌力，這些都是女性愛惜自己的撇步。

經期中，老是覺得身上有異味的女性，可製作香氛袋或芳香噴瓶，隨身帶著花香走，享受一身的芳香。

溫馨推薦 1 DIY 熱敷毛巾	
材料	毛巾乾濕數條、熱水、複方精油（薰衣草、迷迭香、杜松漿果各10滴，滴入深色精油瓶內，即為複方精油）
做法	在熱水中加入6-8滴複方精油，將毛巾浸入熱水後擰乾，以另一條乾毛巾包好後即可使用，若冷掉可重複加熱。加強腹部區；以俯臥方式更佳。
效用	促進體液循環；伸展腹部肌力，有助於消除痙攣性的疼痛。

溫馨推薦 2 DIY 熱敷米包	
材料	高密度的厚棉襪1隻、米、微波爐、複方精油（羅馬洋甘菊、玫瑰、快樂鼠尾草各10滴，滴入深色精油瓶內，即為複方精油）
做法	將米塞進厚棉襪中，滴入6-8滴複方精油，再用橡皮筋綁住開口處，直接微波加熱（時間視個人耐熱程度而設）即可使用。
效用	藉油溫熱的傳導，促進體液循環；伸展腹部肌力，有助於消除痙攣性的疼痛。

溫馨推薦 3 玫瑰茶飲	
材料	乾燥玫瑰數朵
做法	1.將玫瑰置放入耐熱杯中。
	2.沖入500cc熱開水，燜泡5分鐘。
	3.玫瑰茶飲很清淡，可以多喝。無甜不食的朋友請勿加糖，改以少許蘋果來調味吧！
效用	調節月經，還能改善情緒。

溫馨推薦 4 按摩	材料	玫瑰3滴+迷迭香3滴+杜松漿果3滴+基底油25ml
	用法	每天按摩腹部及後背,可以舒暢血流,減輕腹部的悶痛不適。
	效用	玫瑰平衡荷爾蒙分泌,有通經作用;迷迭香促進循環;杜松漿果淨化體液,能使月經規律,且血量不至於過少。

腹部強化伸展操

動作一

| 伸展要領 | 將身體仰躺於床板或地板上,膝蓋彎曲腳掌與臀部同寬,雙手抬起指向膝蓋方向,用腹部的力量將肩膀及頭部慢慢提離地板,並保持頸部及肩膀放鬆,每次可維持5至10秒,再以同樣的方式重複伸展3至5次。此動作類似仰臥起坐的方式,唯一不同的是雙手必須伸直,以避免抱頸式的頸部不適,另外雙腳曲膝,避免下背部緊繃,且有舒展下背部效果。 |

動作二

伸展要領	將身體仰躺於床板或地板上,先將雙腳併攏抬起至垂直地板(也可屈膝,大腿垂直地板),再慢慢將腳往地板方向放低(放低角度視個人腹部力量而定),並保持下背部貼緊地板,每次可維持5至10秒,再以同樣的方式重複伸展3至5次。
保健效果	強化腹部肌肉(腹直肌、腹橫肌)。
特別推薦	平日保健;可緊實腹部肌肉、紓緩月經失調的困擾,同時能瘦身、美化曲線。

伸展運動可強化腹肌

安心Tips

● 旅行、生病、壓力等都會影響月經週期，但如果問題連續發生並持續好幾個月時，應該要就醫檢查；還有出現如：兩次月經之間或性交後大量出血、月經期間嚴重疼痛或大量出血、停經後又有出血的情況時，也要就醫。

● 月經期間要注意個人衛生，勤換衛生棉，保持乾爽以減少細菌滋生，並避免產生異味。

● 可使用中性、弱酸性、無皂鹼或抗菌配方的洗劑清潔肌膚時，考加入檸檬或葡萄柚精油，增加清爽感。

● 時間允許的話，早上起床後沐浴，將黏附在肌膚一整夜的髒污洗淨，在腋下、鼠蹊部灑上體香粉，可帶來一整天的神清氣爽。

你也可以這樣做

● 生理期不適時，把絲柏、快樂鼠尾草和玫瑰天竺葵精油調和杏仁油，用來輕輕塗抹腹部，可以紓緩疼痛。

● 有閉經現象的女性，可在排卵期前，連續使用迷迭香精油做芳香浴數日；迷迭香會激勵身體，喚醒沉睡的卵巢發揮女性的功能。若有身體疲憊現象，可再添加 少許歐薄荷或檸檬精油。

手腳冰冷——
四肢像冰棒的冰山美人

如芳是我們公認的「冰山美人」，並非她不苟言笑，而因她一年四季手腳冰冷。她老公幫著出主意：「如芳這麼瘦，稱『冰山美人』不太貼切，不如改叫『冰棒美人』吧！」

「為什麼手腳會這樣冰冷呢？」我好奇的研究如芳的生活習慣，發現問題不單純。

如芳從小不喜歡吃肉，長大後更是素食主義，留意她的飲食內容，得知蛋白質和脂肪都攝取不足。偏偏，她很喜歡喝垃圾飲料，尤其是汽水；如果聽到要去吃冰，總是第一個報名。

再者，如芳是個小懶豬，有車搭就絕不走路，有得躺就絕對不坐，她的運動量嚴重不足。如芳還是任性的，在家打著赤腳走在冰冷的地磚上，堅持不穿拖鞋、不穿襪子、不穿長褲，就算寒流來襲照樣穿著長裙、光著腳丫，任憑老媽和老公怎麼罵都講不聽。

我告訴如芳：「以後妳的女兒大概也會手腳冰冷，媽媽這樣任性，她就有樣學樣囉！」她聽了對著我苦笑不已。

當血液循環不好時，熱量無法有效的運送到全身，居於循環末梢的手腳就會特別容易冰冷。身體是自己的，要靠自己來疼惜，手腳冰冷對健康並非好事，身體狀態也會衰退喔！

瞄準保健

手腳冰冷常見於偏瘦的女性，因為女性平常的體溫就較男性低0.3℃至0.5℃左右。加上女性的肌肉脂肪較少，尤其腳部、膝蓋、肩膀和手指等部位，因為脂肪、血管皆相對較少，熱度更容易散失，手腳就比較容易冰冷。

當身體衰弱、疲勞，狀況不佳時，血液循環不良，血壓降低，

很容易造成手腳冰冷。還有壓力過大、血糖太低時，也都會讓血流量減少、血行速度減緩而手腳冰冷。

　　手腳冰冷若嚴重到造成血液循環很差時，還會引發睡眠不足、疲勞、頭痛、肩膀痠痛情況加重，感冒頻率增加等問題。手腳冰冷並非僅限於婦女，男性若體型偏胖、無運動習慣、血壓、血脂、血糖都高，有家族病史者，也常會有此問題。

寶貝自己

- 每天起床後用比走路快、比跑步慢的快走方式，大步向前走，同時邊走邊甩甩雙手，至少走上30至40分鐘，一早就讓血液循環和新陳代謝加速，整天都會充滿活力不怕冷喔！

- 現代人運動量不足，肌肉量減少，是手腳冰冷的主要原因；把握任何可活動筋骨、鍛鍊肌肉的機會，例如多走樓梯、做原地跳躍，達到稍微流汗的程度，有助於強化體溫的調節能力。還有每工作1小時就站起來走一走、踏踏步，動動手指、腳趾頭，做做伸展操，讓肌肉活動一下，血液循環會更好。

- 睡前用溫熱水泡手、泡腳，或是做個胸部以下的半身浴，水溫約38℃至40℃，時間約10至20分鐘，不但可以促進末梢血液循環，還有幫助睡眠的作用。泡完後確實擦乾並穿上襪子保溫。

- 睡前可輕鬆的踢踢腳來伸展下半身，並用護膚乳液或調和芳香精油或植物油來按摩手、腳（腳掌），接著轉動腳趾，向左、右各轉10-20圈，可促進血液循環，減少手腳冰冷，幫助入眠。

- 在睡前喝杯溫牛奶或芝麻糊等，可補充鈣質與維生素D，有助於暖和身子，更好入睡。但要注意不要過量，約1杯（250cc）即可。

- 加強保暖，尤其是腿部和腳部的保暖。氣溫較低時，可以多穿一件褲子或多穿雙襪子。注意不要穿太緊的衣服，因為衣服過緊反而會阻礙血液循環。

● 衣物要蓋過肚臍或睡覺時腹部蓋上毯子讓腹部周圍暖和。腹部受寒時會影響全身血液循環，手腳更容易冰冷。

飲食調理

● 手腳容易冰冷的人，應避免生冷食物、冰品、冷飲等，即使在夏天也只能淺嚐。 尤其要避免偏食、節食、斷食或任意減肥，以免血糖過低。

● 補充維生素E，修護血管壁的彈性，更能舒暢血流，對於末梢血液循環暢通很有幫助。

● 含菸鹼酸的食物，像是蛋、牛奶、起士、糙米、全麥製品、芝麻、香菇、花生、綠豆、咖啡等。菸鹼酸對於穩定神經系統和循環系統很有幫助，促進末梢微循環，改善手腳冰冷。

● 堅果類的核桃仁、芝麻、松子等；蔬菜類的韭菜、胡蘿蔔、甘藍菜、菠菜等；水果類的杏、桃、木瓜等，其他如牛肉、羊肉、海鮮類、四神、糯米、糙米、黃豆、豆腐、芝麻、紅糖等都屬於溫熱性食物，手腳冰冷的人可多食用。

● 吃些辛辣食物像是生薑、辣椒、胡椒、芥末、大蒜、青蔥、咖哩等辛香料，具有發汗、驅寒的效果，也能促進血液循環，可利用平常飲食搭配食用。

● 吃些溫補的食物，像是人參茶、薑母鴨、桂圓茶、黑芝麻、甜湯圓等，冬天吃不僅讓身子暖，還可達到補身功效。

樂活保健

用精油照護來改善手腳冰冷時，以促進血液循環為重點，因此，薑、黑胡椒、迷迭香、甜馬鬱蘭、羅馬洋甘菊等，都是值得推薦的精油。

溫馨推薦 **1** 手、足浴	配方｜黑胡椒+薑+迷迭香，各3-4滴 用法｜將上述精油與2大匙小蘇打粉（碳酸氫鈉）調勻，溶入溫水中，將手、腳浸泡約5至10分鐘。 效用｜能促進指頭等末梢循環，溫熱身體。 也可將其加入浴盆中，睡前泡個芳香浴，舒經活絡、促進循環，全身都暖和。

溫馨推薦 **2** 手、足按摩	配方｜羅馬洋甘菊+薑+桉油醇迷迭香，上述精油各4滴 用法｜將上述精油與20cc甜杏仁油調和後（將用油溫熱，方法與溫酒相同，裝入容器後隔水加熱），再針對手、足部做按摩。 效用｜能快速活化末梢氣血，同時享受溫暖與芳香，解壓又舒暢。	

安心Tips

● 中藥材中有許多可改善及預防手腳冰冷者，如人參、西洋參、黨參、當歸、丹參、黃耆、鹿茸、菟絲子、巴戟天、玉桂、肉蓯蓉、仙茅、桂枝、乾薑、花椒、胡椒、肉豆蔻……等，不論是泡茶、熬煮、入菜皆可。

你也可以這樣做

● 平日保養或天氣寒冷時，可在睡前將1小杯熱紅茶配上一小匙生薑末，加上適量黑糖飲用，能迅速溫暖身體、進入好眠。或是將10片薑放入400cc的水，煮沸後加入蜂蜜混合，熄火後再擠入檸檬汁（檸檬切片放入亦可），除了去除冰冷感，對預防著涼傷風也很有效。

更年期症候群——
女人另一次蛻變的考驗

在我的工作室進行的訪談個案中，有一位退休的陳老師，跟我分享了她的親身體驗。

約莫兩、三年前，她突然覺得自己的情緒愈來愈不穩定，經常有股莫名的焦慮感，總是無法專心閱讀或工作；尤其一到晚上，不僅很難入眠，而且夢魘連連，常半夜驚醒、一身盜汗……。到醫院做檢查，身體一切正常，但就是渾身不自在，心情非常低落，有時甚至會有想要跳樓結束生命的衝動！

直到她接受了家醫科醫師的診斷，確認她患有更年期症候群。經過飲食、生活習慣適當的調整，並接受短期的荷爾蒙補充治療後，再加上運用芳香精油的護理來幫助她放鬆身心、紓解壓力，現在的她可說是「雨過天青」，充分享受空巢期的自在與快樂。

更年期的症狀的確讓人不好受，我們除了尋求家人的包容與支持，自我調適才是平和度過的最好方法。除了平時多做些緩和的運動如散步、伸展操、游泳等，同時也要學習客觀地評價自己，多多疏導情緒或參與公益活動，都是很好的調節方法。

瞄準保健

在月經停止之前的數年間，卵巢功能逐漸衰退，女性荷爾蒙分泌減少，月經週期開始不規則，生殖系統機能也逐漸退化，這段由能生育到不能生育的過渡時期，生理及心理都會受到影響而產生種種不適症狀，通稱為「更年期症候群」。

在正常情況下，停經之前的3至5年及之後的第1年，都可算是更年期。台灣女性的更年期大多發生在45至55歲之間，所出現的症狀像是熱潮紅、心悸、夜間盜汗、情緒不穩定、焦慮、失眠、注意力

不集中等；還有隨著女性荷爾
蒙的減少，發生骨質疏鬆症、
心臟血管疾病、失智症等疾病
的機會也跟著增加。

寶貝自己

- 每個人因為體質、飲食習慣
  不同，表現出來的更年期不
  適徵候也會不一樣。由於體
  內荷爾蒙的變化，會使血脂
  肪、尿酸、血糖都偏離正常
  值，骨鈣質也會大幅流失而造成骨質疏鬆症，這些生理變化到有
  症狀出現，往往需要一段時間，所以並不是沒有症狀就代表安然
  無恙，應透過定期檢查來儘早發現、治療。

- 注意體重的控制，維持正常的身體質量指數BMI值。（BMI＝體
  重〔公斤〕／身高〔公尺〕平方，正常範圍是18.5≦BMI＜24）

- 養成運動的好習慣，多曬太陽以攝取維生素D，幫助身體維持活
  力。

- 更年期停經是身體的自然過程，基本上若無不適，並不需要藥物
  治療。必要時可補充荷爾蒙來改善身體症狀，至於情緒方面的問
  題，則可尋求精神科醫師的協助，給予如鎮靜劑、抗憂鬱劑、抗
  焦慮劑等藥物來緩解。

- 對更年期愈有正面的看法，之後在更年期中便能適應得愈好；開
  始學習走出家庭，安排自己的生活，將重心從家事與工作中轉移
  到對自己身體與心靈的關注，可嘗試學習插花、繪畫等，或參加
  社團、參與爬山、郊遊等休閒活動，多愛自己一點，如此身心症
  狀將會減少，生活品質也會提高！

- 容易熱潮紅的女性，穿著以棉質最佳，避免穿著不透氣質材的衣

服；洋蔥式的穿衣法可方便增減衣服來調節體溫，讓自己保持清爽舒適。

飲食調理

- 多吃含維生素A的食物，有助於皮膚、牙床、頭髮、眼睛的健康，例如胡蘿蔔、南瓜、菠菜、萵苣、蘆筍、苜蓿芽、豆苗、芝麻、花生、黃豆等。

- 多吃含維生素B群的食物，有助於情緒和神經穩定，減輕疲倦感。例如糙米、燕麥、肝臟、牡蠣、鮪魚、綠色蔬菜等。

- 多吃含維生素C群的食物，可增強免疫力、延緩老化。例如柳橙汁、金桔檸檬汁、葡萄柚汁、奇異果汁等。

- 多吃含維生素E的食物，能延緩老化、預防心血管疾病、活化身體。例如全麥麵包、鮪魚、蛋、深綠色蔬菜、堅果類等。

- 多吃黃豆、豆漿、豆腐、黑芝麻、蔓越莓等含天然植物性荷爾蒙的食物。並補充大豆異黃酮，可改善熱潮紅、盜汗，預防動脈硬化、冠狀動脈心臟病等，降低壞膽固醇。

- 補充礦物質，尤其是鈣、鎂，可維持骨本，避免骨質疏鬆，並穩定焦慮情緒。含鈣質的食物包括牛奶、優酪乳、起司、吻仔魚、丁香魚、鮪魚、豆腐等；含鎂的食物包括深綠色蔬菜、穀類、豆類、乾果、黃玉米、蘋果、檸檬等。

- 減少或避免吃含咖啡因的食品（例如咖啡、茶、軟式飲料及巧克力）、酒、辛辣、過甜或過鹹的食物及大餐。

- 請勿吸菸，因尼古丁會使血管收縮，使熱潮紅的時間延長且程度加劇。

樂活保健

對於更年期的女性，我特別推薦佛手柑、羅馬洋甘菊、甜茴香、乳香、天竺葵、薰衣草、橙花、玫瑰、檀香及依蘭等精油，這些都可以用在更年期身心症狀的紓解。

有特殊狀況，例如症狀加劇時，建議直接使用芳香浴、按摩和嗅吸法；至於平時，除了上述方法，還可使用薰香法。

溫馨推薦 1 花香蘋果綠茶	配方	玫瑰花6朵、金盞花1大匙、蘋果1/4個、綠茶
	作法	1. 所有材料以冷開水略微沖洗乾淨。 2. 將洗好的材料放入耐熱杯中，沖入300~400cc熱開水燜泡3~6分鐘取出茶包。 3. 加入切丁蘋果；加蜂蜜適量調味即可。
	效用	消除疲勞、提振元氣。

溫馨推薦 2 按摩、足浴	配方	絲柏+杜松漿果+檸檬各10滴，滴入深色精油瓶內，即為複方精油。
	作法	腿部按摩：取6-10滴複方精油調勻10ml甜杏仁油，用指腹按摩腳趾及小腿部。若時間許可，可取上述精油6-8滴做芳香浴或足浴。
	效用	促進血液及淋巴液流動，淨化微血管，紓緩更年期婦女下肢浮腫、疲累感。

| 配方 | 快樂鼠尾草+絲柏+薰衣草各4滴，調勻20ml的甜杏仁油
| 作法 | 塗抹於下腹部、背後和肩膀，用指腹深層按摩。
| 效用 | 可排除更年期障礙，改善潮紅、盜汗，提升生活品質。

安心Tips

- 定期檢測血壓、血糖、血脂肪。如果夜尿、頻尿、遺尿的情況影響到生活，應該向醫師求助。

- 停經後，仍應每個月選定一天進行乳房自我檢查，並定期接受乳房攝影檢查及子宮頸抹片檢查。如果陰道又發生出血，請不要大意，應該立刻就醫檢查。

你也可以這樣做

● 更年期的婦女很容易情緒起伏，沒來由發脾氣，或是下肢腫痛、渾身不舒服。這時，體貼的先生可以在晚上家事忙完、洗過澡後，為太太在室內點上薰燈，用玫瑰天竺葵、薰衣草和佛手柑精油來改善她的情緒。

骨質疏鬆

國內65歲以上女性，每3人就有1人可能罹患骨質疏鬆症！

過了30歲之後，骨頭的鈣質會慢慢開始流失，幾乎「只出不進」。女性在更年期後因為雌激素下降，流失的速度會更快。

很少人知道自己罹患了骨質疏鬆，因為骨質疏鬆幾乎沒有症狀，最先出現的症狀便是骨折。

不妙的是，骨質一旦開始流失，幾乎是不可逆的現象，因此沒有治療骨質疏鬆的方法，預防是唯一的解決之道——

● 停止抽菸；少喝茶、咖啡及酒。

● 吃富含鈣質的食物，如起司、優格、杏仁、加鈣豆漿、帶骨沙丁魚、牛奶、芝麻、大豆、豆腐、豆干，以及綠色花椰菜等深綠色葉菜類。

● 規律地做載重運動，如走路、跑步、跳舞、登山、跳繩等。即使是伸懶腰、手肘彎曲、伸直等能「收、放」肌肉的運動，能有效提升肌力，都有幫助。

● 日曬充足有助於製造維生素D，維生素D是吸收鈣質所需的要素。

● 如果從更年期開始使用荷爾蒙補充療法，可減緩骨質流失，降低骨質疏鬆的風險。

高危險群要小心！

初經晚來、過早停經、有家族病史、摘除單側或雙側卵巢的女性，以及長期使用類固醇、鈣質攝取不足或很少運動的人，都是骨質疏鬆的高危險群，特別需要提早預防。

溫馨推薦	芳香照護擅長紓緩情緒或提振精神，但對於骨質疏鬆仍具有幫助。
	｜推薦精油｜骨質疏鬆患者適合使用花香類的橙花、玫瑰、茉莉精油，以及果香類的佛手柑、甜橙精油。
	｜使用方式｜不建議做全身按摩，可局部塗抹足部、手指等部位，薰香、泡澡、手、足浴也是不錯的選擇。

第二篇

認真的人最有魅力

慢性疲勞找上你了嗎？

許多上班族每天手握滑鼠，眼睛直盯電腦螢幕，一個姿勢經常維持2、3個小時動也不動，加上事多且繁、時間緊迫，很容易發生手指痠麻、眼睛疲勞、肩頸僵硬、下肢水腫等現象，即使下了班後，也常覺得一陣莫名的腰痠背痛；到了應該睡眠的時間，卻因精神緊繃而無法入睡，或呈現容易驚醒的淺眠狀態！日積月累下來，極有可能惡化成連休息、補眠也都無法改善的「慢性疲勞」，不僅工作效率大打折扣，而且情緒沮喪、身心俱疲，嚴重影響生活品質。

造成上班族林林總總的身心困擾，除了久坐、少運動、姿勢不正確、營養不良外，另一主因就是壓力過大；當壓力過大時，肌肉就會跟著收縮、緊繃，導致血液循環不良，疲勞就容易累積。一旦超過負荷時，身體就會發出警訊，各種疼痛症狀自然隨之而來，甚至引發過勞問題。

透過芳香護理如精油按摩或泡澡等，不但可緩解肌肉緊張，促進血液、淋巴循環，還能提高新陳代謝，消除疲勞、提振精神；甚或只是經由聞香，都能讓人產生愉快的感覺，使身心徹底放鬆，幫助大家更快樂地工作。

「電腦手」——
腕隧道症候群

　　雅筑是我好友的女兒，她的工作必須鎮日與電腦為伍。每天只要一上班，她的一雙手就像緊緊黏在鍵盤上，總是要不斷地輸入資料，常常一整天都難得休息。就這樣日復一日，漸漸地，她偶爾會感到右手手指及手掌會有麻痛感，可是只要她活動一下手指、手掌，甩一甩手腕，這種感覺似乎就會消失。

　　剛開始雅筑不以為意，並未多加理會，沒想到情況愈來愈嚴重，而且麻痛感還向上延伸到手臂，到後來竟連騎機車加油門時，右手都感覺到劇烈痠痛。隨後經同事介紹，她到了神經外科門診求診。

　　醫師聽完雅筑的陳述，又為她做了幾項神經檢查，然後做出診斷：原來身為電腦工程師的她，因為長時間過度使用手腕工作而得了「腕隧道症候群」，她那與電腦形影不離的右手，也成了名副其實的「電腦手」。

瞄準保健

　　腕隧道症候群俗稱「電腦手」，是一種常見的職業病，多發生於電腦使用者、按摩師、美髮師、鋼琴師、廚師、裝配員等需要做重複性腕部活動的職業，甚至連機車族也都屬於高危險群。

　　中年女性發生的機率較高，患者時常在夜間痛醒，初期只要甩一甩手腕就可得到緩解，讓許多人以為是睡姿不良、壓迫到手腕而延誤就醫。其他如懷孕後期、風濕性關節炎、糖尿病、內分泌異常、多發性神經炎、腫瘤及手腕骨折等都可能引發此症。

　　主要原因是手腕從事重複性高、過度施力、震動過大等動作，造成腕隧道壓力增加，且壓迫到正中神經，使得手掌、手指出現麻

木、緊繃、灼熱或針刺感。如果未做適當治療，不但手指痠麻，就連手臂、肩膀也會疼痛，而且手指無力、有腫脹感、靈活度降低，甚至大拇指肌肉萎縮，有時連拿東西都會滑掉。

寶貝自己

- 避免讓手腕長久處於屈曲或扭轉的姿勢。減少手腕重複動作及長時間的使用手腕工作。每隔半小時應休息2至3分鐘，讓手腕及手指伸展活動一下。
- 減少打電腦的時間。打電腦時在手腕下放個護墊，鍵盤高度要讓手肘彎曲呈現 15至20度，避免手腕過度懸空和疲勞。
- 工作時儘量保持手腕自然伸展的姿勢，必要時調整桌椅高度，使手腕及手肘保持相同高度，避免手腕過度屈曲。
- 使用工具時避免只用手指操控，最好以整個手掌握住。若工具會產生震動時，需戴上手套或護具，避免直接壓迫神經造成傷害。
- 晚上睡覺時以手護套將手腕保持在伸直的狀態。
- 用毛巾包裹冰塊，在疼痛部位持續冰敷，可減輕腕隧道所受到的壓力。
- 常高舉雙手，讓手部保持在比心臟高的位置，有助於預防雙手麻木和刺痛。
- 戒菸、減肥。抽菸和體重過重的人比較容易得到腕隧道症候群。

※早期診斷、早期治療，可避免造成永久性傷害。若發現症狀未見改善時，最好還是尋求醫師診治。

飲食調理

- 補充維生素B_6有助於減輕手腕的劇烈性疼痛，建議多吃牛肉、雞肉、肝臟、鰹魚、沙丁魚、蛋、酵母、大豆、花生、香蕉、韭菜、馬鈴薯等食物。

樂活保健

以芳香療法照護腕隧道症候群時，能夠緩解疼痛、幫助循環的精油是最佳選擇，我常推薦的精油包括薰衣草、洋甘菊、茶樹、絲柏、薑、桉油醇迷迭香等。

溫馨推薦 1 芳香手浴	|配方| 桉油醇迷迭香＋薑＋檸檬各取2-3滴
	|用法| 1.製作「香氛泡手錠」。
	2.將雙手直接浸泡在香氛泡手錠的溫熱水中，進行手浴。
	3.也可加入植物油，調勻後塗抹於手部，並依序對手指、手掌按摩。建議利用午休或睡前進行，每次2至3分鐘。
	|香氛泡手錠製法| 1.取適量的小蘇打粉、檸檬酸、玉米粉（80%：10%：10%），加入玫瑰純露少許。
	2.滴入適量精油。
	3.將玫瑰花瓣倒入模型。
	4.置20～30分鐘，待泡手錠固化。
	5.脫模後再包覆保鮮膜。
	6.貼上標籤，註明製造日期。
	|效用| 可活絡局部血流，促進手指末端循環，減輕手腕不適。

香氛泡手錠，減輕手腕不適

第二篇 認真的人最有魅力

溫馨推薦

2

自製芳香護墊

配方	請依個人喜愛選擇下列精油2至3種各3-4滴—— 1.花香類：玫瑰、茉莉、天竺葵、洋甘菊、薰衣草、伊蘭伊蘭等。 2.果香類：佛手柑、檸檬、橙花、甜橙、葡萄柚等。 3.木香類：檀香、大西洋雪松、花梨木等。
用法	將所選擇的精油各3-4滴，滴在化妝棉球後裝入護墊內；使用前若能微波加熱，效果更佳。
效用	使用電腦時，將護墊置於手腕下，可避免手腕過度懸空和疲勞，同時散發宜人香氣，紓解壓力。

手部伸展操

伸展要領	坐姿或站姿，將右手往前掌心朝前，指尖朝下，再用左手抓住右手掌，慢慢往後伸展手腕及手臂，並維持20至30秒，再換手施行，可重複施行2至3次。
保健效果	可以伸展腕關節、手臂（肱橈肌）。
適用對象	學生、電腦族、經常烹飪的家庭主婦

● 適度的伸展運動有助於預防和減輕症狀，在此提供一個簡單的動作：每天上班時，每隔1小時就做一次：先雙手緊握拳頭，然後用力張開，讓5隻手指頭儘量用力伸直，停3秒鐘，重複做30下。這個動作可以強化手掌背面的肌肉，同時活動關節、促進血液循環，避免造成手掌正、反面肌肉不平均，以及手指關節僵硬。

你也可以這樣做

● 晚上看電視時，不妨將毛巾浸泡在加入薑精油的熱水中，擰乾後包裹手掌及手腕，進行熱敷。若冬天降溫太快，可用保鮮膜在外層包裹，等毛巾冷卻了再重新置換。

眼睛疲勞──
目不轉睛害處多

　　眼睛是身體的一部分，當全身倦怠時，眼睛免不了也會疲勞。尤其現代人用眼睛獲得資訊的比率高達90％以上，整天幾乎都與聲光影像為伍，經常閱讀書報、手機影像太近、太久，甚至到了深夜還直盯著電視畫面、電腦螢幕不放，難怪因為用眼過度而感到眼睛不舒服的人愈來愈多。

　　當我們感到眼睛有任何不適時，應當到醫療院所就診，但是像眼睛疲勞、乾澀等各種日常發生的小毛病，有時藉由簡單的自我保以我自身經驗為例，當孩子熬夜或加班後，眼球常會佈滿血絲，這時，我會準備一盆熱水，倒入調配過的複方精油，利用熱氣幫疲倦疲累的雙眼做SPA。孩子們告訴我，這效果遠比點人工淚液或眼藥水要好很多呢！

瞄準保健

　　任何不正常的使用眼睛，都會引起眼睛疲勞。

　　許多與眼睛本身相關的疾病，包括老花眼、青光眼、屈光不正（遠視、散光等）、水晶體調節異常、斜視、虹彩炎、慢性結膜炎等，在發病初期或程度輕微時都會出現眼睛疲勞的症狀，嚴重時即轉為眼痛，並有視力障礙。

　　有些全身性疾病也較容易引起眼睛疲勞，像是高／低血壓、動脈硬化、心臟病、貧血、糖尿病，甲狀腺機能亢進、肝炎、腦瘤、腦炎，還有懷孕或更年期障礙、精神緊張、壓力過大等心身性疾病；但大多時候卻是因為過度勞累、睡眠不足、營養不良等造成，只要讓眼睛充分休息及營養補給都能獲得紓解，特別是經過一夜好眠之後。

眼科門診中有超過50%的人抱怨眼睛乾澀。隨著年齡增長，淚液分泌減少，其中又以中年女性因荷爾蒙分泌變化，而容易有乾眼症狀。另外，使用電腦過久、長時間配戴隱形眼鏡、待在冷氣房內太久、油性膚質或常熬夜、失眠的人，也可能因淚液成分不平衡，較容易眼睛乾澀而有眼睛刺痛、灼熱、有粗糙感、眼睛內或周圍出現絲狀黏液、短暫閱讀後容易疲勞，以及難以配戴隱形眼鏡等困擾。

寶貝自己

- 維持規律的生活作息、充足的睡眠，避免過度勞累。

- 避免長時間閱讀或連續操作電腦，不要等到感覺眼睛疲勞時才休息，每隔1小時就要休息10至15分鐘。

- 保持良好的閱讀姿勢，使雙眼平視或目光略向下方（約15度），如此能使頸部肌肉放鬆，並使眼球暴露於空氣中的面積減到最小。不要躺著或在移動的物體上（如行進車輛內）看書。

- 選擇不閃爍、不反光、亮度舒適的照明設備。太暗、太亮或閃爍、刺眼的燈光，都可能加速眼睛疲勞。除了桌面的閱讀燈外，整個環境必須是明亮的。

- 對長時間近距離工作的人來說，能時常轉移目光、望向遠方，就是最好的視力保健運動。至於常說多看綠色可以保護視力，是認為綠色對光線的吸收和反射比較適中，可減少眼睛的負擔。不過**真正重要的是多看遠方**。

- 若眼睛沒有疼痛感時，可使用溫水或微波爐加溫過的毛巾，覆蓋在眼皮上，熱敷眼睛及眼睛四周；當血液循環順暢後，疲勞現象也就能獲得改善。若有疼痛感時，則可能有發炎情況，這時不可熱敷而必須改用冰鎮過的毛巾或冰敷劑。

- 當眼睛乾澀、不適時，可點用眼藥水來潤滑，一天須控制在5至6次之內。若使用人工淚液，一天可不限次數。人工淚液由於未含

防腐劑，一旦開封後，就算還有剩餘的藥水也必須丟棄。

● 若有屈光不正（遠視、散光等）的問題時，應適度使用眼鏡；近視者不應為求看得更清楚而將眼鏡度數配得過深。配戴不合適的隱形眼鏡易造成眼睛乾澀。

● 眼睛容易乾澀的人，記得多眨眼，可讓淚水分布均勻。風大時要戴眼鏡，游泳時戴泳鏡。避免讓電扇、冷暖氣直接對著眼睛吹。注意維持室內適當溼度。

● 經由自我保健後，症狀若仍未獲得改善或產生疼痛感時，必須就醫接受治療。

飲食調理

● 注意營養均衡，多吃堅果類及富含鈣、蛋白質、維生素A的食物，少吃糖果和高糖食品。

● 維生素A和黏膜健康有關，缺乏時可能造成眼睛乾澀、淚水分泌量減少，嚴重時可能得夜盲症。維生素A含量豐富的食物有：肝臟、乳類、蛋黃、新鮮水果、紅棗、胡蘿蔔、枸杞菜、鰻魚、魚肝油等。

● 為了有效率地攝取維生素A，最好同時攝取 β-胡蘿蔔素，因為它能抗氧化、又能轉換成維生素A；含量豐富的食物有菠菜、紅蘿蔔、南瓜、番茄、青椒、芹菜、柑橘等。

● 維生素B群則和視神經系統健康有關，而維生素C、E、 β-胡蘿蔔素，也都是視力發展不可或缺的營養素，同樣都具備抗氧化能力；這些營養素多存在於蔬果中，每天2至3種深綠色蔬菜，再搭配2至3種其他不同顏色（如黃、紅色）的蔬果即可。

你也可以這樣做

● 做做眼睛體操，可紓緩眼睛疲勞！當我們遠看物體時，眼睛聚焦的筋肉會呈現鬆緩狀態，近看時則呈收縮狀態。長時間工作下來若一直盯著近處看，會讓筋肉一直處在收縮的狀態，很容易造成眼睛疲勞。

● 含Omega-3多元不飽和脂肪酸：
DHA及EPA的深海魚油，是構成眼
睛細胞的主要脂肪酸，補充足量的
Omega-3多元不飽和脂肪酸，不只
有助於兒童眼睛的發育，同時有助
於降低視神經細胞的退化。

樂活保健

芳香照護推薦的精油有羅馬洋甘菊、玫瑰、薰衣草……等等，使用方
法例如眼部按摩、冷敷、熱敷、蒸汽SPA都能養顏美容之外，呵護亮
眼明眸！

溫馨推薦 1 黃菊枸杞茶	配方	黃菊 1大匙、枸杞 1大匙、甘草根 適量、紅棗 5顆
	作法	1.所有材料以冷開水略微沖洗乾淨。 2.所有材料放入耐熱杯中，沖入300~400cc熱開水，燜泡 3~6分鐘即可。
	效用	黃菊、枸杞、富含有維生素A，可消除眼睛疲勞，甘草根 可以調甜味。

<table>
<tr><td rowspan="3">溫馨推薦 2 香氛眼膜</td><td>配方</td><td>羅馬洋甘菊1滴+薰衣草1滴+金盞菊10g+薄荷葉6至10片+溫水+茶包袋。</td></tr>
<tr><td>用法</td><td>以臉盆放置溫水，添加精油後，放入茶包浸泡，製成「香氛眼膜」，並用指腹沿著眼睛四周做環狀點按，重複3-4次即可。</td></tr>
<tr><td>效用</td><td>當眼睛感到疲累時，閉上雙眼將眼膜置於眼皮上，讓血液循環變好，自然去除眼部疲勞；同時也能改善乾澀、眼壓過高、眼周的老化現象。</td></tr>
</table>

<table>
<tr><td rowspan="3">溫馨推薦 3 按摩</td><td>配方</td><td>薰衣草2滴+羅馬洋甘菊2滴+甜杏仁油30ml</td></tr>
<tr><td>用法</td><td>將上述精油調油後，用來按摩眼睛周圍。</td></tr>
<tr><td>效用</td><td>促進血液循環，讓眼睛得到休息，又能緩解眼周因體液停滯所造成的腫脹感。</td></tr>
</table>

記得同時按摩鼻翼兩側與肩、頸部，當這些部位的肌肉放鬆後血流舒暢，眼睛也會輕鬆許多！

安心Tips

● 要特別注意：眼睛周圍的皮膚比較脆弱且靠近黏膜，為避免刺激，不論用手或道具按摩眼睛，都只能在眼球周圍施力，絕對不要直接加壓在眼球上，以免造成缺血及壓迫傷害。

你也可以這樣做

● 不妨利用上班空檔，將目光暫時離開電腦螢幕或公文報表，一瞬間就將眼睛的焦點落在前方約2至3公尺的地方（大約2、3張辦公桌的距離），這時並不需要一直緊盯著看，因為光是將焦點聚在2至3公尺的地方就能達到效果了。情況許可的話，大約每10至15分鐘就做一次，這樣子不但能減輕眼睛疲勞，還能延緩老花眼的發生喔！

肩頸痠痛──
上班族的通病

　　和朋友們聚會，我發現無分男女都常做一個動作──一手壓肩，同時轉動肩膀，有些人邊做，還會不自覺地皺眉。

　　我本以為是中年人的五十肩作祟，後來又發現，連年輕人也有同樣的習慣。原來現代人長時間坐在電腦前，如果桌椅高度不對，肩頸痠痛就成了家常便飯。

　　多數上班族都有過這樣的經驗，大半天坐在電腦或辦公桌前做事，有時還會不自覺地聳聳肩，幾個小時過去，忙到沒有機會起身活動，猛一回神，才驚覺自己的「脖子僵硬」、「上背部很緊、很痠」、「肩膀痠到聳不起來」……，彷彿肩上被千斤重物壓住般難受。

　　當肩頸部或脖子出現僵硬、緊、痠、麻、疼痛等任何一種症狀時，都可視為患有「肩頸症候群」。

瞄準保健

　　肩頸症候群又稱頸椎病、肩頸肌筋膜疼痛症候群或電腦終端機症候群等。一般上班族的肩頸痠痛，用儀器根本找不出原因，大多數都是因為姿勢不良、缺乏運動，肩、頸肌力不足，無法支撐骨頭的重量，使頸椎關節受到的壓力過大；當壓力相對大時，人一緊張、肩膀就會用力，使得肌肉長期處於收縮、緊繃狀態，長久下來便逐漸失去彈性而引發肩頸痠痛，甚至出現肌肉性頭痛。

　　典型的症狀大都是單側或兩側的肩頸僵硬及疼痛，初期只會在接近下班時、下班後或加班時感覺到疼痛，疼痛的最高峰通常是在睡覺前一刻。經過睡眠休息後，第二天一早就會比較舒服，也因此讓人常不去注意或忽略治療，久而久之，疼痛就時時存在，而且常伴隨著頭痛，甚至嚴重影響睡眠。

研究發現：壓力愈大的工作，愈可能增加肩、頸部症狀的發生。特別是心理認知上不好的工作環境比好的環境會增加3倍左右的疼痛。許多患者經過診察並給予適當的物理及藥物治療後，卻沒有得到預期效果而形成所謂的慢性疼痛，被認為與心理因素密切相關。

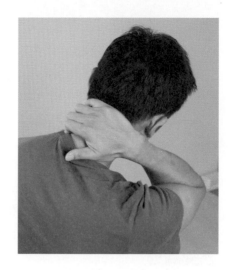

🌿 寶貝自己

● 避免久坐或維持同一姿勢超過30分鐘。尤其注意不要駝背。

● 應增加工作間的休息次數，至少每小時休息1次，並且起身活動，做做頸、肩、手腕及腹背部伸展運動，讓肌肉放鬆。

● 工作桌、椅的高度要適中，使頸部、頭部不會前傾。注意工作姿勢，身體軀幹應保持挺直，膝蓋成90度，雙腳踩到地面，自然靠於椅背，頭、頸絕對不要前傾。讓手臂自然下垂，避免聳肩，手肘約呈90度放在桌上。

● 使用電話時，避免用脖子夾話筒，必要時，請改用耳機式聽筒。

● 注意自己視力度數是否足夠，以及注意是否將電腦螢幕的字體縮得太小（解析度過高），避免因視力不足及字體太小而造成姿勢不佳。螢幕應置於視線平視以下。

● 不要躺在沙發上側著頭看電視，否則頭部肌肉拉力容易失衡，引致脊骨出現錯位現象。也不要坐著睡覺，這樣很容易引致後頸部肌肉拉傷。

● 適度的運動，最好養成規律的運動習慣如慢跑、游泳等。日常也可多做伸展操，或學習瑜珈、彼拉提斯等運動，以伸展、強化肩頸部肌肉，增加關節的活動度。

- 保證充足的睡眠，並學習放鬆、釋壓；避免過度緊張。
- 避免手臂高舉過頭的持續性動作；拿取高於頭部的物體時，最好站在椅子或梯子上，不要勉強伸手伸展去拿。
- 開車族要注意：駕駛座與方向盤的距離要適中，使頭、背能舒服地靠在椅背上，雙手自然放在方向盤上。長途開車，中途要多休息，下車活動筋骨。
- 在家洗頭時最好運用蓮蓬頭沖洗，避免彎腰、低頭在洗臉盆中洗頭。刷牙洗臉或刮鬍鬚時，也要保持頸部直立。
- 避免背負過重的背包，或長時間將背包背在同一側。

飲食調理

- 注意維生素B_1的攝取，若攝取不足就會在肌肉中囤積代謝的廢物而引發肩頸痠痛。維生素B_1含量豐富的食物有胚芽米、麥等穀類，大豆等豆類，花生、酵母、豬肉、魚卵、牛奶等。
- 維生素E能幫助血液循環，含量豐富的食物有稻米、小麥、小麥胚芽油、葵花油等植物油、大豆、芝麻、杏仁果等堅果類；韭菜、菠菜等黃綠色蔬菜、鰻魚、蝦、蛋黃等。

樂活保健

精油在放鬆肌肉、緩解痠痛上的效果非常棒，我常以真正薰衣草、檸檬香茅、迷迭香、杜松漿果、薑和薄荷等精油，搭配按摩或芳香浴來疼惜自己和家人，歡迎大家也來嘗試！

肩部伸展操

|伸展要領|

雙腳打開與肩同寬，雙臂放在身體兩側
向後伸直，如果可以的話，雙手十指在
背後相扣，在不會感到不舒服的範圍
內，向上推起手臂，並維持20至30秒，
大約4至5次深呼吸，可重複施行2至3
次。

同時可配合做腹式呼吸，方法是在雙手
向上推起時吸氣，放下時吐氣。

|保健效果|

肩部肌肉舒展，可以舒展的部位有胸
（胸大肌、胸小肌）、肩（三角肌前
部、轉肩肌群）。

|適用對象|

常使用電腦的上班族、肩部僵硬的人、
無論男女皆適用。

溫馨推薦

1

塗抹

|配方| 檸檬香茅2滴＋苦橙草2滴＋薰衣草2滴＋蘆薈凝膠10g＋葡萄
籽油2ml

|用法| 將精油與葡萄籽油調勻，再加入蘆薈凝膠充分調勻，一
天2-3次，局部塗抹。

|效用| 凝膠的沁涼感可消退表皮燥熱，使局部
血管收縮，放鬆緊張的肌肉，使肩頸僵
硬、痠痛感馬上得到紓緩。

溫馨推薦 2 按摩	
配方	薄荷4滴＋迷迭香4滴＋薑4滴＋甜杏仁油20ml將上述精油調油後，用來按摩肩頸部。
用法	將上述精油調油後，將稀釋調配過的精油倒在手心，用手掌讓精油慢慢溫熱，然後塗抹肩頸部，加以按摩。
效用	促進氣血流通，使精油快速滲入肌肉層，讓疼痛立即獲得緩解，同時釋放壓力，消除疲勞。

溫馨推薦 3 芳香浴	
配方	迷迭香3滴＋杜松漿果3滴＋薑2滴；小蘇打粉2大匙（30公克）
用法	將上述精油滴入小蘇打粉調勻，再加入裝有熱水的浴盆中，洗個芳香浴。
效用	促進血液循環，幫忙放鬆心情與緊繃的肌肉，對紓緩痠痛有直接的效果。還能提高體溫，幫助睡眠。

安心Tips

● 肩頸突然痠痛時，應儘量躺下休息；若無法躺下，可先把頭部靠在座位的椅背上，讓椅背來支撐上半身。接著可進行熱敷，以暫時解除疼痛；之後應試著做些溫和的伸展運動。例如可站著將肩膀向後旋轉，一邊各做十幾下；接著將手舉起，做游泳的仰式動作，左、右手輪流做，有助於活動筋骨、避免疼痛惡化。

你也可以這樣做

● 可採用熱敷方式，將熱毛巾放置後頸部或將熱敷袋放置於肩部、上背部，時間大約10分鐘即可。

喝水也會胖——
是水腫啦！

　　瑞敏是個有點小圓潤的女孩，我很喜歡她甜甜的笑容，還有機智的反應。幾次課程之後，她都在詢問有關瘦身的配方，惹得其他同學笑她：「連呼吸都會胖的體質，沒救了！」

　　瑞敏的回答更妙：「胡說，有吸氣就有呼氣，一長一消哪會胖？我的『羅馬』是靠『喝水』造成的！」

　　瑞敏看我笑得挺不直腰，忽然正色對我說：「老師，我沒亂講，我真的喝水也會胖喔，很奇怪吧！」

　　我蹲下來壓壓她的小腿，又捏捏她的臉頰，最後強忍著擔心告訴她：「我覺得妳這是水腫。如果這不是久站引起的問題，最好找時間上醫院檢查一下吧！」

　　一般人想到「水腫」總認為是水喝多了，要不就是與腎不好有關；事實上，水腫並非與水分攝取的多寡有關，也未必是腎臟病引起的，而腎臟病也不一定會有水腫，這些觀念是必須建立的。

瞄準保健

　　正常人的皮膚都有一定的彈性，用手指壓住會凹陷，但手一放開，便會自然恢復原貌。如果浮腫，用手壓按再放開卻不會立即恢復，而有壓陷的現象，醫學上稱為「水腫」。水腫常出現於下肢，醫學上稱為「下肢水腫」，俗稱「腳氣」。

　　一般人發現水腫，總會聯想是腎臟出了問題。事實上，引起水腫的原因很多，可能只是短期且局部性的問題，也可能是心、肝、腎臟等器官病變或營養不良、內分泌影響、生理期與懷孕、藥物如消炎止痛藥、類固醇等造成。

　　許多女性常會出現體質性或不明原因的水腫，常常早上好好

的，一到下午或晚上下肢就會腫脹，這可能和長時間站立、久坐不動、飲食等有關，最好找家庭醫學科或腎臟科醫師做評估檢查。

寶貝自己

● 對於非疾病引起的水腫，改變長期不動的坐姿與習慣，多做抬腿、走動、運動，每天穿彈性襪，睡前將腿抬高，就能有效改善水腫。

● 避免長時間穿著高跟鞋或太緊的鞋子、衣物，如緊身的牛仔褲，也不要穿束褲、束腹或束腰。

● 適當的運動可減緩水腫的嚴重程度，但若是下半身水腫，則應著重肌力訓練，如：蹲、站、爬等。

● 請勿在找不到水腫原因的情況下就濫用利尿劑，應適當限制水和鹽份的攝取。

● 洗過澡後可用精油調勻基底油按摩雙腿，小腿從腳踝按摩至膝蓋方向，大腿由膝蓋按摩向臀部。

● 外食時，應先將食物過水去油之後再下肚，煎炸物則應先去皮後再吃；烹調時則以橄欖油來取代沙拉油，並避免吃進過多的精緻醣（如糕餅、含糖飲料）等。

● 生理期可服用維生素B群、維生素E和月見草油來改善水腫的現象。

飲食調理

● 多吃含有抗氧化物質的食物（β胡蘿蔔素、維生素E、C），如深色蔬菜和水果。

● 多攝取一些幫助排水利尿的食物，對於消腫也很有幫助喔！像是薏仁、紅豆、綠豆、綠豆芽、小黃瓜、綠茶、薑湯、冬瓜、菠菜、西瓜等。

● 補充鉀離子。鈉在體內的作用是留住水分，而鉀在體內的作用是排出水分。鉀離子最好的來源是蔬菜、水果（常見的有香蕉、芹菜、椰菜、豆芽菜、馬鈴薯、蓮藕、昆布、青椒……等），其次是鉀鹽（低鈉鹽）。

● 少喝鈉含量高的飲料，例如運動飲料、罐裝咖啡、番茄汁等。避免含鈉量高的調味品、食品、罐頭及各種加工食品。有些含鈉量較高但卻不易被人察覺的食品，如：麵線、油麵、甜鹹蜜餞、甜鹹餅乾等，因為都添加了含鈉量極高的鹼、蘇打、發粉或鹽，也必須忌食。

樂活保健

想要消除水腫，可以透過按摩、塗抹、泡澡等方法來使用精油，其中有兩組精油消水腫的效果特別出色，分別是——

　　1.絲柏+迷迭香+葡萄柚

　　2.絲柏+天竺葵+杜松漿果

其他如薄荷、檸檬、薰衣草、佛手柑、茴香、薑等，也是熱門選擇。

溫馨推薦 1 芳香浴		配方	甜茴香+葡萄柚+桉油醇迷迭香各取3-4滴；海鹽2大匙(30公克)
		用法	倒入溫熱的洗澡水中，進行芳香浴。
		效用	能改善因循環不良所造成的浮腫，甚至連橘皮組織也可以調油按摩，同樣有改善效果。

溫馨推薦 2 按摩足踝		配方	絲柏+檸檬+佛手柑各取4滴；甜杏仁油10ml+雷公根油10ml
		用法	調和雷公根浸泡油按摩足踝四周，雷公根油能有效疏通體液，改善水分滯留。
		效用	消除足踝腫脹，使腳步輕盈。

下背部伸展操

| 伸展要領 |

將身體仰躺於床板或地板上,將雙腿屈膝靠近胸口,雙手環抱於大腿後側,將大腿慢慢抱靠近胸口(臀部可稍微離開地板),並維持20至30秒,可重複施行2至3次。

| 保健效果 |

伸展下背部(豎脊肌群)、腿部(腿後腱肌群)。

| 適用對象 |

久坐姿勢的紓緩、
避免腰痠背痛;
無論男女皆適用。

伸展腿部促進淋巴循環

你也可以這樣做

● 容易下肢水腫的人,可利用複方純精油調油,定期做身體或腿部按摩,以促進血液循環。

● 有臀部脂肪、下肢水腫、橘皮等煩惱的朋友,可嘗試用大西洋雪松、桉油醇迷迭香、葡萄柚……等純精油調基礎油,每晚自己做身體按摩,或讓另一半來幫助你。

● 葡萄柚、檸檬精油具淨化功能,可每週固定2次,用它調油按摩下肢和手臂,消除水腫並促進新陳代謝;然後再用芳香精油泡澡,促進循環、消脂又護膚。

安心Tips

● 一般的體質性、生理性水腫,雖然會影響身材外觀,但對健康無太大影響,並無立即就醫的必要。若調整飲食或是減重後仍無法改善,仍應就醫檢查,以排除潛藏疾病的可能。

慢性疲勞症候群——
總是提不起勁

常來公司服務的工程師小周，是個勤奮的年輕人，只要一通電話，很快就報到。然而幾個月前，他帶著一個年輕小伙子向我們介紹：「這是小鍾，下個月起由他接替我的工作，有任何需要請Call他，千萬不要客氣！」

公司裡的同事聽他這麼說，有人以為他要另謀高就，有人以為他調部門轉往內勤，誰知小周說，他是長期身體不舒服，老闆念在他是公司的「開國元老」，讓他留職停薪半年。

小周告訴我，以前如果跑程式熬夜，假日多睡幾個鐘頭就補回體力了，可是最近一、兩年，光是正常工作量就令他疲憊不已，而且怎麼睡都睡不飽。他曾以為自己的肝臟出問題，健康檢查卻沒發現異常；總覺得自己就在感冒邊緣，看醫生怎樣都治不好；原本可以一口氣吃下兩個便當的他，現在根本沒食慾，只有咖啡愈喝愈兇……。

「疲勞不是病」，正常人在工作或是活動之後，疲勞是正常的反應，通常在休息以後都能恢復。可是如果整天無精打采、昏昏欲睡，即使休息了一整天卻還是感到全身痠痛，或是伴隨著頭痛、關節疼痛、肌肉痛、喉嚨痛等，症狀像是感冒卻又時好時壞，拖了很長一段時間就是好不了時……，小心！「慢性疲勞症候群」可能已經找上你。

瞄準保健

所謂「慢性疲勞症候群」，是指排除所有可能造成疲勞的慢性疾病（例如：各種感染症或炎症、內分泌疾病、癌症、精神疾病、藥物副作用等），且日常活動力比平常減少50%以上，即使休息、睡覺也無法改善；同時還會發生喉嚨痛、輕微發燒、肌肉痠痛等不

適症狀，持續或反覆性的疲勞感長達6個月以上。

除了全身關節肌肉僵硬痠痛、類似感冒的各種症狀外，慢性疲勞症候群還多合併有過敏、腹痛、腹瀉或便秘、脹氣、頻尿或夜尿、排尿困難、嚴重經前症候群、性功能障礙、心悸、呼吸困難、盜汗、口乾舌燥等。這些症狀的表現形態往往因人而異，個別差異很大，即使是同一個人也會在不同階段發生不一樣的症狀；且不容易斷根，也不會急速惡化。

目前有些研究認為「慢性疲勞症候群」可能導源於病毒感染、免疫系統障礙、內分泌失調、姿態性低血壓[*]、營養缺乏（尤其是缺乏維生素B群）等，但卻無法以上述任何原因來說明慢性疲勞症候群的衍生；總之，「慢性疲勞症候群」是一種多因性的疾病。

據美國疾病管制局（CDC）研究指出，慢性疲勞患者以女性較多，發病年齡平均為30歲，與長期工作緊張、競爭壓力大以及長時間處於疲勞狀態有關，好發於電腦相關工作、醫護人員、藝術、創意工作者及生活日夜顛倒、不規律者。

🌿 寶貝自己

● 避規律的生活作息、充分的休息、良好的人際關係，甚或下定決心戒菸、減肥等，對跳脫症狀加劇的惡性循環都很有幫助。

● 每工作1小時就站起來活動一下筋骨，花10分鐘深呼吸或散步，或中午小睡一下等都可以改善疲勞症狀。

● 了解自己的身體狀況，知道自己的極限所在，別太在意別人的眼光及評價，試著找出誘發症狀的因子並加以改善；學習有效的管理情緒，並且適時、適當紓解壓力，建立新的良性增強物。

---

[*] 姿態性低血壓（Orthostatic hypotension）：是指由平躺的姿勢改為直立時，血壓明顯下降（收縮壓下降大於20mmHg，或舒張壓下降大於10mmHg），會產生頭昏、頭疼、視力模糊或暫時性視覺消失、虛弱、嗜睡、昏厥等症狀。許多疾病都可能產生姿勢性低血壓。

● 「要活就要動」，慢性疲勞者常常不想動，但愈不動會愈疲勞，適度的運動不但不會更累反而會提升體能，如快步走、游泳、柔軟體操、瑜珈、太極拳等都很適宜，只要不過度增加疲勞的均可。

● 多學習自我放鬆，可常做深長、緩慢的腹式呼吸，或者做些簡單的活動如溫泉浴、泡澡、洗腳等，不僅能改善局部血液循環，解除疲勞，利用水流散發負離子於空氣中還會讓人感到較快樂、有活力。若搭配芳香精油，效果更佳。

● 若病況已嚴重影響日常生活者，可經由醫師診察後開列非類固醇類抗發炎藥、抗憂鬱、抗焦慮藥，甚至是抗過敏藥物等來緩解，切忌自行亂服藥物。

你也可以這樣做

● 上班通勤，捷運或公車上的擁擠程度，常令人身心疲憊，這時，不妨準備一個口罩，出門前在裡面噴上葡萄柚或佛手柑精油，它們會帶給你好心情，讓你充電滿滿地上戰場。

飲食調理

- 調整飲食可緩解慢性疲勞，三餐定時定量，注意營養均衡；尤其身體不適時，營養素的需求增加，可多補充維生素B群、C、E及礦物質鈣、鎂、鐵、鋅等。

- 避免攝取任何有損體力的食物，如菸、酒、碳酸飲料、加工過的碳水化合物，如速食，也別吃油炸、燒烤、辣味等容易上火的食物。

- 少吃高油、高糖、高鹽的食物，以降低血管疾病的風險，

- 多喝水，就算不覺得口渴也要隨時補充。少喝含咖啡因的飲料，這對於症狀的改善亦有很大的幫助。

- 補充營養素：輔酶Q_{10}，以促進新陳代謝與熱量的生成，對於消除疲勞及恢復體力特具功效。

樂活保健

對抗慢性疲勞，通常我會推薦以檸檬、薄荷、佛手柑、葡萄柚、迷迭香、尤加利、薰衣草等精油搭配使用。迷迭香精油中，建議選擇桉油醇迷迭香；至於薰衣草精油，則以喀什米爾薰衣草最為理想。

溫馨推薦 1 嗅吸	配方	葡萄柚 5滴+迷迭香3滴+檸檬3滴，依比例增減，調成複方精油。
	用法	將上述複方精油每次使用6-8滴，在辦公桌或書桌前以負離子擴香器或拓香石擴香。
	效用	集中注意力，擺脫倦怠感，提升工作效率。

溫馨推薦 **2** 泡澡	配方	薰衣草3滴+薄荷3滴+葡萄柚3滴;浴鹽2大匙(30公克)
	用法	將上述精油調和後,滴入浴盆內,可於下班後或睡前好好泡個澡。
	效用	消除疲勞,恢復元氣。

安心Tips

● 不要輕忽慢性疲勞,大家最害怕的過勞死,其實和慢性疲勞關係密切。以下附上過勞死的警訊,以及慢性疲勞症候群的診斷標準,祝大家永保自覺,遠離兩者的危害。

過勞死的10個警訊

過勞是一種慢性疲勞的過程!避免過勞首要不超時工作,並維持良好睡眠,以下10項評估指標若有3至5項就該警惕,若有其中6項以上就有過勞死的危險,要非常注意。

1.三高(血壓、血脂、血糖)、出現鮪魚肚。

2.掉髮嚴重、禿頭。

3.腰痠背痛、性慾減退、性能力下降,或經期混亂、過早閉經。

4.頻尿、腹瀉、排泄次數增加。

5.記憶力減退、開始忘記熟人的名字。

6.心算能力愈來愈差。

7.注意力不集中、專注力愈來愈差。

8.失眠、睡覺時間愈來愈短、總感覺睡不飽。

9.經常頭暈頭痛、耳鳴、目眩,也檢查不出結果。

10.做事經常後悔、易怒、煩躁、悲觀,並難以控制自己的情緒等。

慢性疲勞症候群的診斷標準

「慢性疲勞症候群」的診斷必須符合以下的主要標準，
而次要標準至少符合6項。

主要標準

1.無法用其他疾病或已知原因解釋的疲勞，持續達6個月以上。

2.疲勞並非因過勞而產生，也不因休息而改善。

3.疲勞對個人工作、社交或是其他活動產生影響。

※必須排除其他慢性疾病所引起的疲倦感（如癌症、自體免疫疾病、
　各種感染症或炎症、精神疾病、內分泌疾病或器質性病變、藥物或
　毒物成癮、濫用之副作用等）。

次要標準

1.低度發燒（自測口溫37.5℃～38.5℃）或畏寒。

2.喉嚨痛。

3.頸部或腋下疼痛性淋巴腺腫。

4.無法解釋的全身肌肉無力。

5.肌肉痠痛。

6.從事過去能勝任的活動後，會產生持續24小時以上的全身疲倦感。

7.最近發生的廣泛性頭痛。

8.遊走性的非發炎性關節疼痛（無紅腫現象）。

9.精神或神經症狀（如健忘、思考力衰退、憂鬱、注意力不集中等）。

10.睡眠障礙（嗜睡或失眠）。

11.腹瀉與便祕交替出現。

12.體重增加或減輕。

13.神經性厭食。

14.盜汗、脈搏加快。

15.嚴重胸痛（甚至會被懷疑為心肌缺血）。

宿醉——
喝醉酒的後遺症

演講中，每當男性學員向我問起可不可以用精油來緩解宿醉，我總開玩笑說：「如果我說不可以，大家會不會少喝一點？」這時男學員們就會齊聲回答「不會！」

每個人喝酒之前都知道，喝多了傷身，還會引起宿醉，但真正拿起酒杯，有自制力的人少之又少。幸好精油在這上頭，可以發揮一些功效。

我曾在公司裡，利用甜茴香和玫瑰精油，幫助一位因前晚應酬喝過頭，隔天頭痛欲裂的男同事，據他反映：「揉過太陽穴之後，終於把緊箍咒拿了下來。」

宿醉的後遺症不一定是頭痛，做芳療時，通常會針對症狀做緩和性的照護，目的是讓不舒服的情況減到最低。但也提醒大家，可別因為芳療有效緩解作用，就大肆飲酒無所忌憚喔！

瞄準保健

宿醉就是喝酒過量，造成第二天早上頭痛、噁心、嘔吐、口乾、倦怠、腹瀉、全身不適等。這是因為大量飲酒後，肝細胞無法將有害物質乙醛全部處理，而造成急性中毒的一種現象。喝酒速度過快、同時飲用不同的酒，以及空腹飲用烈酒，或是喝酒前睡眠不足等都比較容易宿醉。

如果飲酒量一樣多時，女性會比男性容易醉，這是因為女性的體重較輕、含水量較少，血中酒精濃度較高，所以比較容易醉，醉的時間也會比較久。

酒品的顏色深淺會影響宿醉程度。酒的顏色愈深，宿醉就愈嚴重。假如前一晚喝的是顏色濃郁的威士忌，第二天起床後的頭痛就會比喝了顏色透明的伏特加更難受。

寶貝自己

● 勿空腹喝酒，可先吃些含脂肪與蛋白質的食物如肉類或是喝些牛奶，利用油脂保護胃壁，以延緩酒精吸收的速度。

● 預防宿醉最好是少量並且慢慢地喝，讓身體有足夠的時間代謝酒精；或是以水、果汁等不含酒精的飲料交替飲用，延長喝酒時間，減少酒醉機會。不過要避免含有氣泡的可樂汽水等，這些碳酸飲料會加速酒精進入血液。

● 儘量避免混酒，像深水炸彈、調酒等少碰為妙，許多酒類混雜在一起時，比較容易讓人很快就酩酊大醉。

● 酒醉時不要再飲用茶、咖啡，因為酒精會幫助身體排除水分，而茶、咖啡等也有利尿功能，身體水分大量排出，容易引發脫水危機。有些人喝了濃茶、咖啡後以為自己已經清醒，其實這只是讓人感覺精神好一點的錯覺，實際上身體的肌肉並未恢復反應。

● 止痛藥對減輕頭痛和肌肉痠痛也有作用。但是要特別注意，不要服用普拿疼來止痛，普拿疼和酒精一起服用，長期使用容易造成肝機能的負擔。

紓緩不適，寶貝自己

● 酒後來個熱水浴可以促進血液循環，幫助新陳代謝，使酒精隨汗水一起排出。不過有高血壓、心臟血管疾病患者或嚴重酒醉者並不適宜，宜先稍做休息並多喝花草溫熱茶飲。

飲食調理

● 補充大量水分，或含電解質的飲料（運動飲料）也都有幫助；多進食一些流質食物如喝肉質湯飲，可補充體內流失的鈉及鉀。

● 服用綜合維生素B群。市售解酒產品大部分都添加維生素B群，主要也是因為維生素B群可幫助肝臟代謝酒精。

● 多喝蜂蜜檸檬汁、果汁或多吃些水果，既補充水分又含有果糖，可加速酒精代謝，並減輕不適症狀。

● 可吃些餅乾、甜點等碳水化合物，以增加血糖並清除殘存的酒精。

樂活保健

以芳香照護緩解宿醉的不適時，我會特別推薦薰衣草、佛手柑、葡萄柚、檸檬、薄荷等精油。

溫馨推薦 2 塗抹、按摩	配方	佛手柑+薄荷+薰衣草各2滴＋甜杏仁油10cc
	用法	調勻後，塗抹於太陽穴、肩、頸，也可輕輕用指腹以螺旋方式按摩太陽穴及胸口等局部。
	效用	緩解宿醉引起身心糾結不舒坦。

配方	甜茴香+桉油醇迷迭香+薰衣草 上述精油各2~3滴，溶於2大匙（30公克）的小蘇打粉。
用法	加入微溫的洗澡水，進行芳香浴。
效用	精油芳香分子對肌膚的滲透力（經皮吸收為為水分子的100倍以上），藉由芳香浴幫助身體的微循環，加速將酒類代謝，並解除醉酒後的疲憊感。

安心Tips

● 藥物和酒精不可併用。有些抗過敏藥物會引起嗜睡，服藥前後如果喝了點酒，或飲用含酒精的提神飲料，精神狀況就會變得更差，很容易因開車不專注而發生車子擦撞等意外。

你也可以這樣做

● 喝醉的隔天要上班之前，可用杜松漿果、甜茴香各3滴，加入浴缸中做溫水香芳浴，一來掃除宿醉清醒頭腦，二來讓體力儘快恢復，不讓昨夜的應酬變成今日的負擔。

時差——
跨時區飛行造成的生物時鐘混亂

「周總」是我的高中校友，身為女性的她，有著不讓鬚眉的衝勁，在跨國公司服務多年，以「叱吒風雲」來形容毫不為過。每次見面，我喜歡戲稱她「周總」，她卻不斷抗議：「叫我阿美啦，聽起來比較可愛。」

阿美是個很好相處的女人，周總卻是個律人律己都甚嚴的主管，難以避免的，打拚幾十年，她的身體留有一些職業病，如骨刺、胃潰瘍、腕隧道症候群等，但她說，最令她感到困擾的是時差。

「長途飛行後，我經常頭痛，無論我在飯店如何敷面膜，臉部皮膚總是暗沉粗糙。我更痛恨一覺醒來，想不起自己身在何處，拉開窗簾想出門，卻發現窗外還是漆黑一片……」每個月裡有半數以上時間要到各國巡視的她，喃喃說起這些時，令我覺得好心疼。

跨時區旅行或洽公，很多人以為時差沒啥了不起，手表重新設定就行了，卻沒想過身體裡的那個生理時鐘會錯亂，帶給身心很大的干擾。

約會過後，我把一瓶尤加利精油和一瓶羅馬洋甘菊精油快遞給阿美，在瓶子上分別畫了太陽和月亮，附上字條——

「老朋友：該振奮時用太陽，該緩和時用月亮，祝福妳一天24小時，無論身在何方都能身心安頓。」

瞄準保健

人類的生理系統天生就不適合跨時區的飛行，這會讓體內的生物時鐘與外界的時間不協調，影響原有的生活作息而出現「時差症候群」，包括暈眩、倦怠、失眠或嗜睡、注意力不集中、反應遲鈍、情緒低落、食慾不振、胃腸不適、頭痛、肌肉痠痛等。像是女性空服員的月經週期，就常會受到飛行航班的干擾而呈現紊亂狀態。

對大多數人來說，由西向東飛會比由東向西飛更難調整時差。因為向東飛等於將一天的時間縮短了，比較會造成適應上的困難。

調整生理時鐘的能力與個人體質有關，一般說來，這種能力會隨著年紀增長而逐漸下降。身體原本罹患的舊疾，在旅行中很容易因時差問題而重新發病或使病情加重。

寶貝自己

- 出發前3至5天開始調整睡眠。如果是向東飛行，根據與目的地的時差，把上床、起床的時間逐日往前提；如果要向西飛行，則逐日往後延。

- 出發前3至5天開始進調整飲食。早餐及中餐儘量攝取蛋白質，晚餐則以含澱粉的食物為主；每天下午過後，避免喝含有咖啡因的飲料。

- 提早打包，確保有充足睡眠。試著訂不會縮短睡眠的航班（避免夜班）。

- 在飛行途中要多補充水分，果汁和湯品是不錯的選擇，含有咖啡因、酒精的飲料則不宜。

- 在飛機上，儘量穿寬鬆、易穿脫的衣服，並隨身攜帶一些讓自己感覺舒適的用品，有助於在飛機上睡覺或清醒，以便一下飛機馬上能適應當地作息。

- 在飛機上，最好把腳抬高，可減輕腳踝腫脹。有心血管疾病、血液循環不好的人，記得不時變換姿勢或站起來走動走動。

- 旅程若少於3天，應試著按出發地的時間作息；若超過3天，則一下飛機應立即配合當地時間作息。尤其抵達目的地後，白天時應多接受戶外陽光照射並稍做運動，可減輕時差的症狀。

- 根據最新研究證實：宣稱可減緩時差影響的褪黑激素（Melatonin），在晚間服用，的確能夠幫助失眠者快速入眠。若失眠情況嚴重時，也可適當服用短效安眠藥。

飲食調理

- 早、午餐多攝取蛋白質，如牛奶、瘦肉、魚肉、海產、豆腐、豆類等。晚餐則多吃澱粉類食物，如米、麵、麵包、玉米、馬鈴薯、地瓜、南瓜等。

- 多吃含維生素B群的食物，例如糙米、燕麥、肝臟、牡蠣、鮪魚、綠色蔬菜、香蕉等。

- 多吃含維生素C的食物，如蕃茄、花椰菜、高麗菜、青椒、胡蘿蔔、南瓜、菠菜等。

- 多吃含維生素E的食物，例如小麥胚芽、黑麵包、核果仁、蛋。

補充營養素

沒把握吃得百分百健康，還有這些營養素可以幫上忙——

- 維生素B群：紓緩神經系統，幫助調整生物時鐘。

- 維生素C：解除時差症候群帶來的壓力。

- 維生素E：抗氧化，清除自由基，保持活力。

樂活保健

時差帶來的身體不適，適合以精油來照護，最常被使用的有佛手柑、葡萄柚、羅馬洋甘菊、橙花、薰衣草、歐薄荷等，效果各有不同。

溫馨推薦 1 塗抹	配方	檸檬香茅+薄荷+檸檬 上述精油各10滴調成複方精油，加入50cc甜杏仁油
	用法	倒入滾珠瓶內，一般滾珠瓶容量為8-10cc，攜帶方便，隨時隨地都可使用。塗抹胸口、太陽穴、鼻翼兩側皆可以。
	效用	暈機或受時差影響導致想昏睡時，有助於提神。

溫馨推薦 **2** 噴霧、嗅吸	配方	1.振奮精神:佛手柑、尤加利、天竺葵、葡萄柚、檸檬、歐薄荷、迷迭香。
		2.緩和情緒:羅馬洋甘菊、絲柏、少量天竺葵、杜松漿果、薰衣草、橙花。
	用法	嗅吸/噴霧等方法,視個人喜好選擇上述1-2種精油,純精油嗅吸或做成噴霧使用(噴霧製法請參考示範光碟影片)。
	效用	改善長時間搭機帶來的情緒緊繃感,以及時差所帶來的不適。

溫馨推薦 **3** 嗅吸	配方	薄荷+薰衣草+佛手柑 各10滴,調成複方精油,裝填在空的精油瓶內。
	用法	滴在手帕上直接嗅吸,或滴在手掌中搓熱後按摩太陽穴。
	效用	攜帶方便,可立即紓緩暈車、暈船、暈機時噁心、想吐。

芳香抱枕有助舒眠

安心Tips

- 如果有長期服用的藥物（如高血壓、糖尿病的藥物）也應配合目的地當地的時間服用。

你也可以這樣做

- 赴國外或重返家鄉時，若因時差造成不適，可用佛手柑、薄荷或尤加利精油滴在手帕上直接嗅吸，很快就能緩解。

- 到達旅館後，可在房間內噴灑檸檬或杜松漿果、葡萄柚……等精油，淨化空間、找回清新舒暢的感覺，趕走飛行的疲憊。

- 下榻旅館時，選擇上述2-3種自己喜歡的精油，無論是芳香浴或睡前局部按摩腿部、腳踝……等等，都可以瞬間拋開長途飛行的勞累。

第三篇

胃腸保健篇

飲食男女

「胃」求健康，「腸」保幸福！

　　現代醫學認為人其實有三種年齡，那就是「實際年齡」、「生理年齡」和「胃腸道年齡」。許多人因為三餐不定時、不定量、經常外食、應酬多、口味又重，再加上不當減肥、節食、偏食以及情緒緊張、暴飲暴食等影響，使得胃腸道提前步入老齡化的階段。日本有項研究發現，很多10～20歲的女孩其腸道年齡竟然高達60歲，年輕一代飲食失衡、未老先衰的情況令人擔憂。

　　「民以食為天，食以胃腸為本」，要能充分享受美食，當然首先要有健康的胃腸；而胃腸功能的正常與否，對人體健康和壽命都有著重大的關聯影響。胃腸道一旦老齡化，不僅會表現在進食和排泄方面的不正常，對外來病毒、細菌的抵抗力也跟著降低，並還常伴隨著三高（高脂、高血糖、高血壓）等心血管問題，以及失眠、焦慮、注意力不集中、健忘、頭痛等其他精神功能性症狀。

　　維護胃腸健康除了平時建立良好的飲食習慣、注意營養的均衡與補充外，同時對於日常生活中常見的便秘、腹瀉、消化不良、腸躁症、脹氣、排氣多、噁心和嘔吐等各種不適現象，不妨多利用芳香精油來做輔助性的護理，這是非常實用的「養生之道」。

便秘——
滿腹問題口難開

我有個學生瘦得像個紙片人，每次看到她，我都會勸她：「不要因為愛漂亮減肥，損失了健康可是補救不回來的！」她總是笑笑不回答。有天上課時她突然抱著肚子喊疼，既不是經痛，也不是盲腸炎，逼不得已送醫急診。經過驗血、驗尿，做了很多檢查都找不出毛病。最後照X光和電腦斷層掃瞄，才驚覺是一肚子的宿便在作怪。

原來，總是全神貫注在工作上的她，對經常性便秘從來不以為意，平時生活上忙碌緊張，壓力又大，飲食很不正常，加上纖維質攝取不足，降低腸子蠕動能力，造成糞便日漸堆積腸管中而導致嚴重腹痛。

就醫將「滿腹問題」解決後，我教導她運用芳香法紓壓，並培養正確的飲食習慣，從日常生活、由內而外做徹底的改變。現在的她，不但氣色轉好，變得比以前豐腴、漂亮，最近還交了男朋友，整個人生變得更加精采。

很多人認為便秘不是病，而對它漠不關心，或是刻意忽視，除非臉上冒「痘花」、皮膚粗得連妝都化不上去，甚至嚴重到腸子出問題，才被迫正視這個不起眼的問題。

瞄準保健

基本上，一週排便少於3次，或排便時有1/4的時間需要特別用力才能排出，就可稱為便秘。至於多久排便一次算正常，並不一定；有些人即使3天才排便一次，只要排便不困難、便量足夠、糞便不硬，又能解得很乾淨，就不算是便秘。

便秘的直接原因，是沒有**攝取**足夠的膳食纖維和補充足夠的水分。此外像是缺乏運動、壓力過大、懷孕、經前症候群、特定藥物和長期使用瀉藥等，都是導致便秘的常見因素。

寶貝自己

- 飲食均衡，避免暴飲暴食，以免增加腸胃負擔。
- 早晨起床後，空腹時喝杯溫開水。清晨5至7點鐘大腸蠕動最旺，是最佳排便時間。
- 持續規律地運動（如散步、爬樓梯），並多做腹部運動（如仰臥起坐），或適度按摩腹部，可刺激腸胃蠕動。
- 做好情緒管理，放鬆心情，避免因自律神經失調而引發便秘。
- 養成固定時間排便，要有充裕時間培養便意，並避免強忍便意。不要邊上廁所邊看書報，如此會延長排便時間，對直腸產生慢性傷害。
- 有輕微便秘時可用熱水坐浴，促進肛門周圍的局部血液循環。
- 長途旅行期間，由於生活作息變動很大，常有可能便秘。這時應多喝水並增加膳食纖維的攝取。比如早餐喝200至500cc鮮橙汁或花茶，或吃一些麥片，少吃巧克力或冰咖啡等刺激性飲食，否則便秘程度會加重。

飲食調理

- 多多吃富含膳食纖維的食物：膳食纖維能清腸、吸水，使糞便膨脹潤滑，刺激腸道蠕動而有通便效果。高纖食品種類很多，不過部分含糖、脂肪量較高，怕胖的人攝取時要適量。
- 多喝水，水能潤滑腸道、使糞便膨鬆；每天約喝1800至2000cc（8至10杯）。

膳食纖維好健康，請多多食用！

類別	含纖維質多的食物	注意
五穀類	糙米、米糠、燕麥、玉米、胚芽米、薏仁 全麥麵包	須未精製的
豆類	黃豆、毛豆、紅豆、綠豆	須未加工的
根莖類	竹筍、牛蒡、番薯、絲瓜、蘿蔔、南瓜、芋頭	
蔬菜類	地瓜葉、芹菜、空心菜、菠菜、莧菜、韭菜 萵苣、花椰菜、豆苗、洋山芋、莢豆類、菇類	
水果類	香蕉、木瓜、奇異果、鳳梨、水梨、柳丁、橘子 番石榴、蘋果、柿子、葡萄、李子、草莓	若打成汁，不要過濾
堅果類	花生、腰果、開心果、瓜子、芝麻、南瓜	熱量較高，每天要攝取適量
其他	蘆薈、洋菜、蒟蒻、銀耳、葡萄乾、無花果	

● 優酪乳、優格含有乳酸菌可幫助消化，促進腸道蠕動。

● 可適量攝取肉類，脂肪對腸道有溫和刺激及潤滑的作用。

● 其他利於通便的食物，包括蜂蜜、麥片、黑棗（汁）、麥苗粉、香蕉、木瓜等，可酌量食用。

● 少吃經過加工的精製食物或豆類食品，例如：白吐司、蛋糕、奶昔、各式零食、豆漿等。

● 對於高蛋白、高脂肪、高熱量或太油膩的食物，例如：奶油、巧克力、起司、肥豬肉等，或具刺激性、燒烤或油炸食物，最好敬而遠之。

補充營養素

沒把握吃得百分百健康，還有下列營養素可以幫上忙——

● 維生素B群：加速代謝，有助於整腸。

● 益生消化酵素：維持正常消化功能，促進消化、吸收和分解。

● 果寡糖：可促進腸內有益菌的生長，利於紓解便秘。小心過量以免發生腹瀉。

● 先進纖維粉：可修護腸黏膜，使排泄物柔軟易排出，紓緩排便過程。

● 蘆薈果汁：含單醣及多醣，其中的蘆薈素是最好的輕瀉劑。

● 洋車前子：吸水力佳，可軟化糞便，增加糞便含水量和體積。

樂活保健

處理便秘問題時，有6種精油列為第一陣線常用油，每種精油療效亦略有差別如下：

1. 薑：溫暖身心、促進液體流動。
2. 迷迭香：促進循環、幫助腸道蠕動。
3. 甜茴香：調整失衡的腸胃。
4. 玫瑰天竺葵：平衡自律神經系統，紓壓解鬱。
5. 橙花：紓展身心，遠離焦慮、負面情緒。
6. 甜馬鬱蘭：平衡身心，促進分泌血清素，紓緩緊繃感

   可從中選擇喜愛的味道，調油按摩腹部，或是全身性定期按摩、做腹部局部熱敷、泡澡等，對便秘具有極佳的解決效果。

至於第二陣線的可用精油，尚有──

7. 杜松漿果：促進淋巴流動，體內淨化良方。
8. 玫瑰草：平衡身心不安。
9. 柑橘屬果香類精油（佛手柑、甜橙、檸檬、葡萄柚等）：轉換心情，沐浴陽光般歡樂氛圍。
10. 辛香科精油（肉桂葉、甜茴香、小荳蔻及黑胡椒等）：溫熱體質，補強腸胃功能。

這些類精油可請依身體狀況分別來做護理。

溫馨推薦 1 迷迭香蜜棗茶	配方	檸檬草1大匙、迷迭香1大匙、加州蜜棗2-3粒、紅茶包1個
	用法	1.先將所有材料以冷開水略微沖洗乾淨。 2.將洗好的材料放入耐熱杯中，沖入300~400cc熱開水，燜泡3~6分鐘後取出茶包。 3.加入加州蜜棗浸泡。 4.連同蜜棗一起飲用。
	效用	淨化腸道，改善便秘的效果。

溫馨推薦 2 局部按摩	配方	薑10滴+迷迭香10滴+甜茴香10滴+甜杏仁油30ml
	用法	1.腹部按摩的進行步驟→使用D型淋巴按摩之方法 2.按摩部位：下腹部或下背部 　下腹部依大腸ㄇ字型走向，順時鐘方向按摩。 　下背部著重於脊椎兩側直到接近肛門處。
	效用	具有促進腸蠕動、淨化體內的效果。適用長期便秘，使得腸子彈性疲乏，蠕動不足，糞便容易堆積的情況。按摩前5-10分鐘先喝一杯溫水，也可以加入適量蜂蜜，有溫潤腸道的效果。

溫馨推薦 3 熱敷	配方	甜馬鬱蘭+薑+甜茴香各10滴，滴入深色精油瓶內，調勻為複方精油。
	用法	臉盆內盛熱水（約600至800cc），並添加上述複方精油每次6-8滴後，再放入棉布浸泡5至10分鐘。取出棉布稍加擰乾後做局部貼敷，上層可用保鮮膜或塑膠袋再封一層，效果更好。熱敷時間約10至15分鐘，期間可多次更換敷布，以便保持溫熱。
	效用	解決因便秘引起腹部疼痛。以肚臍為中心，敷蓋於下腹部，能促進循環、改善便秘，並緩和因便秘所引起的腸絞痛的不適。

溫馨推薦 3 芳香浴	配方	玫瑰天竺葵2滴+橙花3滴+甜馬鬱蘭3滴+海鹽2大匙（30公克）
	用法	將海鹽倒入溫熱水中，進行芳香浴，一周2-3次。
	效用	解決因肌肉緊縮、壓力造成自律神經失調而便秘。可促進循環，使肌肉完全放鬆、紓壓解鬱、消除疲勞；同時調整自律神經，使腸胃功能正常。也可使用本配方精油，定期做全身按摩。

2011商周出版新春閱讀

專案代號：SALE-0CXBD　　本期優惠有效期間至2011/3/31

●訂購人資料 (請詳填以確保購書權益)

姓名		性別	男□　女□
身分證字號		E-mail	
連絡電話		手機(必填)	
訂購人地址			
收件人地址	同上□		

●付款基本資料 (請詳填，資料不全將無法作業)

付款方式：□信用卡　□郵政劃撥 (需先至郵局劃撥，再連同收據、訂購單一併傳真或郵寄)

信用卡別 □VISA □MASTER	發卡銀行：
卡號	信用卡有效日期：西元20　　年　　　月

持卡人簽名 (與信用卡簽名同)		◎持卡人同意依照信用卡約定一經使用或訂購商品，均應依所是金額，付發卡銀行
統一編號：	(個人用免填)	
發票抬頭：		發票：□二聯　□三聯

●訂購圖書商品 (書號、書名、單價請見書籍介紹處)
　　購書滿800元送『舒眠天使按摩精油』一瓶

書號	書名	單價(75折價)	冊數	金額

A　金額小計(必填)	
B　購書未滿500元整，需付物流處理費　80元	
A+B　總金額(必填)	

郵政劃撥付款1、戶名：書虫股份有限公司　2、劃撥帳號：19863813　3、通訊欄(劃撥單背面)
請註明：書號、書名、數量

24小時傳真訂購專線FAX專線 (02) 2500-1990~1
服務電話：(02) 2500-7718服務時間：星期一~五(周末及國定假日全日休)9:30~12:00；13:30~17:00

請沿此虛線剪下，傳真或對折黏貼後(本面朝外，請勿用定書針)直接郵寄回

104　台北市民生東路二段141號2F
　　　書虫股份有限公司

廣告回函
北區郵政管理登記證
北臺字第001492號
郵資已付，免貼郵票

安心Tips

- 未經醫師處方，不要隨便購買瀉藥服用，否則可能會損害腸道或產生依賴性。

- 便秘若合併有腹痛、脹氣、噁心、發燒、體重異常減輕，或改善飲食及生活習慣1個月後仍然便秘時，即請尋求胃腸科醫師協助。

你也可以這樣做

- 每天早晨先喝一大杯水，再用甜茴香精油調杏仁油塗抹肚臍周圍及尾椎，輕輕按摩，可以協助便秘患者改善長期性便秘的困擾。

- 連續便秘多日，感覺腹脹、噁心時，可用薄荷精油、大馬士革玫瑰精油和甜杏仁油調和，按摩下腹部，即可緩解想吐的感覺。

腹瀉——
人人都有過的拉肚子經驗

好友耀華為食品公司的中階主管，負責北部各賣場的銷售策劃與督導。有一次出差到中壢地區視察，拗不過當地同事熱情的邀約，中午便和大夥兒到中壢平鎮一帶享用了最有名的牛肉麵，還特別切了一大盤滷菜，大快朵頤了一番。

不料下午繼續到各賣場巡視時，他突然腹痛如絞，痛得寸步難行，而且頻頻跑廁所，幾乎每隔5、6分鐘就得跑一次，十分狼狽也好不尷尬。像這樣突發性的腹瀉，通常和食物不潔有關。

因食物中毒所引起的急性腹瀉，最重要的處理原則其實就是補充水分及電解質。以前的觀念都建議患者應禁食數小時，其實還是可以吃點東西，不過以少量為原則，而且應避免乳製品，還有太冰冷、太辛辣及太油膩的食物。另外蔬菜暫時不可吃太多，因為蔬菜含纖維量較多，會加重腹瀉，水果則不能吃香蕉及木瓜，建議吃少量蘋果。

瞄準保健

一天排便超過3次，排出的糞便含水量高，質地稀爛，有時會加上腹絞痛，可能伴隨噁心、嘔吐和發燒等症狀。大多因細菌、病毒污染或食物中毒所引起，也就是吃了不新鮮、不潔淨、不熟悉的食物。或是如乳糖不耐症，過量刺激性飲食如咖啡因、麻辣鍋，甚至是焦慮、緊張造成腸蠕動加快的「腸躁症」等所引發，通常會在症狀出現後12至24小時內逐漸好轉。

腹瀉和便秘一樣，本身並非疾病而是潛藏的症狀，如：細菌或病毒感染、壓力、腸胃型感冒、食物中毒或飲食驟然改變，也有可能是藥物的副作用使然。

寶貝自己

- 腹瀉發生時，請試著禁食1至2餐，喝些溫開水（可加少許鹽巴）或果汁。當情況緩解時，可吃些無刺激性的食物，像是稀飯、白吐司、蔬菜湯、原味優格等，讓胃腸充分休息，再開始進食會更好。

- 腹瀉可視為一種人體的防衛機制，它會將體內的致病細菌和有害毒素排出體外，以減少對人體的危害；因此，一味服用止瀉劑並不正確。

- 漸進式地回到正常飲食，待大便成形後，才可恢復平日飲食。在沒有完全恢復前，避免喝酒、濃茶、咖啡、牛奶、冷飲、辛辣刺激性及過於油膩的食物。

- 食物要新鮮，烹調要完全。吃東西時細嚼慢嚥，少量多餐，以減輕胃腸的負擔。

- 外出旅遊時應提高警覺，例如只喝瓶裝水或煮沸過的水、水果要削皮等。

- 保持良好的個人衛生，經常洗手，尤其在進食前、準備食物前及如廁後。注意飲食衛生，避免生食、不喝生水等。

飲食調理

腹瀉時必須忌口，讓胃腸休息才是上策，而「避免刺激」是腹瀉時的進食原則。

- 飲食以清淡為主，少吃油膩、太甜的食物、飲料或牛奶。避免過量的油脂、酒、咖啡、濃茶、辛辣食物及冰品。

- 多補充水分以及電解質。每天飲用8至10杯清澈液體，包括清水、果汁、淡茶及含有電解質經稀釋的運動飲料或口服電解質液。

- 為了預防脫水，可用新鮮柳丁、半匙鹽、一匙蜂蜜加溫水，每天持續飲用，直到症狀好轉。

- 纖維過粗、不易消化的食物也不要常吃,像肉乾、龍眼、荔枝等。
- 平日多吃富含維生素B群的食物,例如蜂蜜、肝臟、魚、蛋、全麥麵包、糙米茶、花生等。
- 如果是因細菌污染所引起的腹瀉,可多吃蒜頭或大蒜膠囊;其他如新鮮檸檬汁,茶飲如薄荷茶、薑茶、肉桂茶（加蜂蜜）等都能緩解腹瀉。
- 補充乳酸菌,以平衡腸內益生菌。

樂活保健

要用芳香照護處理腹瀉問題,玫瑰天竺葵、喀什米爾薰衣草、薑、羅馬洋甘菊、甜茴香、黑胡椒是常用精油,可透過按摩、泡澡、熱敷來使用。

溫馨推薦 1 按摩	配方	玫瑰天竺葵10滴+喀什米爾薰衣草10滴+薑4滴
	用法	1.將上述精油加入甜杏仁油,調合成30cc的按摩油。 2.按摩部位:下腹部或下背部 　下腹部依大腸ㄇ字型走向,順時鐘方向按摩。 　下背部著重於脊椎兩側直到接近肛門處。
	效用	溫熱體質,伸展腹部肌肉,可紓緩因腸道過度收縮而引起的腹部不適感。

溫馨推薦 2 熱敷	配方	玫瑰天竺葵10滴+喀什米爾薰衣草10滴+薑4滴
	用法	臉盆中放入約500cc熱水,加入上述精油,用毛巾浸泡約3分鐘後取出,稍稍擰乾水份,敷蓋在下腹部肚臍上(可將裝有熱水的保特瓶,放在毛巾上保溫)。每次5至10分鐘,每天進行3至4次。
	效用	可溫熱腹部,改善因腹瀉所引起的腸絞痛等不適。若腹瀉時伴隨有四肢發冷的情況,可以進行此法或芳香浴。

溫馨推薦 3 嗅吸	配方	橙花精油1滴（可替換成洋甘菊或薰衣草精油、佛手柑、甜橙……等果香類精油）
	用法	滴於手心上予以搓熱後，直接湊近鼻子吸聞。
	效用	穩定情緒，可紓緩因面試、考試等立即性壓力所引起的腸胃不適。

安心Tips

● 腹瀉的就醫時機：切記！當糞便中帶有血點或黏液，發燒超過38℃、嘔吐導致無法進食、脫水，腹部劇烈疼痛或急性腹瀉連續多天、慢性腹瀉持續3週時，必須儘快就醫。

手心嗅吸以穩定情緒

你也可以這樣做

● 很多緊張大師，動輒腹痛、腹瀉，在重要時刻來臨之前，可先使用橙花精油調油，塗抹在下腹部，並倒2滴在手帕上做嗅吸，幫助自己放鬆。

● 工作壓力過大也會引起腹瀉。下班後，可用羅馬洋甘菊和薰衣草調油塗抹下腹部，或是泡個芳香浴，放鬆緊繃的情緒，也能緩解腹瀉。

脹氣‧排氣——
一肚子氣在搞怪

　　秋菊是同事口中的「仙女」，因為她不食人間煙火，從不在辦公室裡吃東西。包括午飯、點心、下午茶，她一概敬謝不敏。好同事都鬧她：「秋菊，求求妳吃點東西吧！再不吃，憑妳這體重，真的要飄到月球去找嫦娥了。」

　　秋菊來社大修我的課，下課後過來請教問題，她的細瘦令我大吃一驚。她告訴我，之所以不在外頭吃東西，是因為「難言之隱」——只要吃過東西，她就會嚴重脹氣，有時候還痛到想打滾；好不容易疼痛緩和些，接下來就會不斷放屁。「老師，您說這樣我怎麼敢在外面吃東西？」

　　我問她一天究竟吃幾餐，她想了想：「早上只喝一杯果汁，中午上班就不吃，下班後回家，自己燙點青菜，加上半碗糙米，而且我絕不吃豆類和蛋。」我聽了，連忙介紹營養師給她，對她說：「妳這樣會嚴重營養不足，一定要去看營養師，讓她教妳怎麼吃。至於脹氣和放屁，下次上課我調瓶油給妳，問題能大大改善。」

　　不久前，秋菊放假來看我，還約了我吃午飯。原本35公斤左右的她，現在已有40公斤了，雖然還是過瘦，至少氣色好很多，脹氣的狀況也有些許改善。

瞄準保健

脹氣

　　進食中吞入空氣，或是吃太快、邊說話邊進食，喝碳酸飲料、啤酒或是食物在胃腸消化所形成的氣體，卻沒有藉著打嗝或放屁排出，而存積在腸胃裡就會造成脹氣。

當精神緊張、焦慮時，常會不自覺地嘆氣或嚥口水，此時也會吞下很多空氣；因此放鬆情緒就能減少脹氣的情形發生。還有，生活壓力大的人很容易胃酸分泌過多，過多的胃酸和胰液中和後，也會產生二氧化碳而造成脹氣；有「乳糖不耐症」的人因為體內缺乏乳糖酶，在消化乳糖時會產生大量氣體，也比較容易脹氣。

排氣

一般人每天大約會排氣3至20次不等，不過即使一天高達40次也不見得就不正常。事實上，排氣量是否正常很難界定，至於次數則會隨年紀而增加。排氣過多可能是因消化不良、胃炎、消化性潰瘍等胃部疾病；或攝取過多含澱粉和蛋白質的食物；或習慣性吞嚥動作過多、吞入較多空氣所致。

常放響屁的人，主要是因為對某些碳水化合物消化不良；而常放臭屁的人，主要是因為攝取過多含硫的食物，或對含硫食物消化及吸收不良所導致。因此「響屁不臭，臭屁不響」的說法有其道裡。

寶貝自己

脹氣

- 吃飯時不要狼吞虎嚥，應細嚼慢嚥、徹底咀嚼食物，在食物進入胃之前，讓胃有多一點時間產生消化液。

- 吃飽後不要馬上趴睡，因這時胃中的食物還沒完全消化，宜多做些溫和的運動，如：散步、慢跑，可以幫助腸胃蠕動，促進胃氣及腸氣的排出。

- 脹氣不舒服時，可平躺下來，將兩腿膝蓋彎曲向上拉至胸部，可幫助排氣、紓緩脹氣。

- 豆類烹煮時可先長時間浸泡，再加蓋後用壓力鍋煮爛，可使產氣的物質減少而減少食用後引起脹氣的機會。

- 規律的運動，補充足夠的水分，避免便秘，即可減少脹氣。

- 香菸所含的尼古丁有收縮血管的作用，容易造成腸內血液循環變差，腸子蠕動變弱，所以抽菸的人較容易有脹氣問題。
- 熱敷腹部，或坐在搖椅上做膝蓋靠胸的姿勢擺盪，也能減輕一些脹氣不適。

排氣

- 培養良好的飲食習慣；吃飯時細嚼慢嚥；進食勿過飽；同時專心用餐，避免一邊用餐一邊看電視、報紙，否則會使腸胃血液循環不良，影響消化、增加氣體產生。
- 飯後散步，或是在飯前、飯後2小時洗澡，都能促進末梢血液的循環，幫助排出滯留在體內的氣體。
- 少喝碳酸飲料，少吃口香糖，以減少吞吃氣體的機率。
- 儘量放鬆精神，工作忙碌、緊張焦慮的人常會在不知不覺中，從嘴巴吞進更多的空氣。
- 排氣其實是將囤積在體內的毒氣排出去的一種體內環保；長期憋著而不適時排出，容易導致腸道蠕動減弱，進而造成慢性便秘，同時也會減弱大腸的擴張運動，提高大腸癌的發生危險。

飲食調理

脹氣

- 少吃容易產生氣體的食物，如：
  1. 豆類、蔬菜，如高麗菜、綠花椰菜、洋蔥、青椒、大蒜、茄子、花生、馬鈴薯、地瓜、韭菜等。
  2. 水果：香蕉、蘋果、柚子、柑橘類。
  3. 其他：全麥麵包、五穀米、口香糖等。
- 少量多餐，並採漸進方式，逐步增加高纖食物的攝取量。

排氣

● 多喝優酪乳，對增加腸道內益菌有益，並可減少產氣菌的生長。

● 較易製造氣體的食物包括豆類、花椰菜、豆芽菜、花菜、包心菜、韭菜、地瓜、啤酒、咖啡，其他如大蒜、洋蔥、茄子、蘑菇、某些中藥或香料也較易製造臭屁。

● 常放響屁的人應該少吃容易引起消化和吸收不良的「碳水化合物」，例如乳製品、豆類、花生、玉米、地瓜、馬鈴薯、穀類、口香糖等。

● 常放臭屁的人應該少吃含「硫化物」的食物，例如蛋、肉類、起司、花椰菜、啤酒等，也要少吃味道比較重、難聞的食物像大蒜、洋蔥、韭菜等食物。

● 患有「乳糖不耐症」的人，應避開含有乳糖、麥芽糖、果糖、山梨醇的食物。

● 按摩腹部，或是用溫熱水進行足浴，都是很好的理療方法。

樂活保健

遇有脹氣、排氣等問題時，除了飲食上要注意調理，運用芳香照護則可促進循環、消除脹氣、減少排氣。最適合的精油，不外乎甜茴香、薑、迷迭香、黑胡椒、薄荷這幾種。

溫馨推薦 1 局部按摩	配方	甜茴香4滴+薑4滴+薄荷4滴+甜杏仁油20ml
	用法	腹部按摩的進行步驟→使用D型淋巴按摩之方法 按摩部位：下腹部或下背部 下腹部依大腸ㄇ字型走向，順時鐘方向按摩。 下背部著重於脊椎兩側直到接近肛門處。
	效用	促進體液循環、淨化體液，同時具有促進腸蠕動、消除脹氣的效果。

溫馨推薦 2 金桔檸檬綠茶		

配方	金桔 3-5 顆、檸檬 1/2 顆、綠茶包 1 包、蜂蜜適量
作法	1.金桔洗淨後，壓扁榨汁。
	2.放入杯內，加入綠茶茶包，沖入300~400cc熱開水，燜泡3-6分鐘即可。
	3.加入檸檬汁，並以適量的蜂蜜調甜味。
效用	金桔、檸檬可以淨化腸胃，適合飯後飲用，熱飲尤其健胃整腸。

安心Tips

● 腹部經常脹氣或打嗝、放屁不止，同時伴有慢性腹瀉、便秘、胃口變差、經常腹痛或是體重減輕時，請立即尋求醫生診治。

你也可以這樣做

● 若是腹脹難消時，可使用薄荷精油塗抹於肚臍周圍以消除脹氣。

● 喝一些薄荷茶、柑橘茶，可緩和腸胃的脹氣。

● 幼兒因脹氣而哭鬧時，可用檸檬和薄荷調和基礎油後，少量塗抹在肚臍周邊，很快就可以幫助排氣。

腸躁症——
最常見的腸胃功能障礙

在我任教的信義社區大學班上,有位同學Kelly,她在廣告公司擔任創意總監一職,個性爽朗,品味十足,自律嚴謹,看起來就是個傑出的女強人!

課後與她閒聊,談起了兩年前她曾走過的人生風暴。她說,當時因工作忙碌、夫妻聚少離多,先生有了外遇,經常三天兩頭不回家;七十多歲的母親也在那時被發現罹患了肝癌,手術治療後需要全程耐心地看護,加上公司業務繁重,總是讓她疲於奔命、心力交瘁,好勝心強的她,只知咬牙硬撐,壓力大到晚上常會失眠,一個人抱著棉被痛哭。

在那段備受煎熬的日子裡,她還因此患了「腸躁症」,有時連續幾天的便秘,有時則腹瀉不止,兩者反覆出現,同時還伴有脹氣、腹痛等,嚴重影響日常生活,讓她根本無法工作、苦不堪言。她驚覺到這是身體所發出的警訊,在就醫診治的同時,也重新調整自己生活的腳步。除了戒菸、戒酒,她開始參加一些能幫助身心靈成長的課程,例如瑜珈、紓壓按摩、心靈講座等,也因此讓她得以安然度過那段辛苦的日子,讓她懂得用更開闊的視野來審視自己,享受真正健康的嶄新人生!

瞄準保健

腸躁症是一種功能性的腸胃失調,顧名思義就是腸胃比較敏感,也就是患者的腸道蠕動收縮比常人快;常會腹脹、腹痛,且腹瀉和便秘交替出現,排便次數及糞便形態改變,大便帶黏液、老是覺得沒排乾淨,還伴隨著肩膀痠痛、腰痠背痛、失眠、頭痛、頭暈等。

腸躁症會反覆發生，有些人可能是體質所致，有些人則常在吃太飽、喝酒、對某類食物過敏、吃冰、受寒、考試期間、休假等特定情況下發作，但更多人可能是生活壓力所引起，也就是個人的情緒管理不佳，引發腸道鬧情緒，且以女性為多。

寶貝自己

● 改變飲食習慣、少量多餐、細嚼慢嚥。食物力求低脂、少糖、少鹽、適度的蛋白質、高纖維食物。戒除菸酒，避免刺激性、油炸類飲食，不吃乳製品等。

● 生活減壓、天天運動：勤做肌肉放鬆、按摩、瑜珈、靜坐、冥想等，平衡身心靈、紓緩身心。養成每天運動的習慣，除了強身之外，更可紓緩身心，以強化腸胃機能。

● 生活規律、改變個性：作息正常、睡眠充足；改變對事物的看法與態度，調整腳步，隨遇而安，腸胃自然不致承受太多壓力。

● 開始寫飲食與活動日記，看看究竟有哪些食物會誘發腸躁症狀？還有，看看能做些什麼樣的改變，減少你生活中的誘發因子？

飲食調理

● 採取漸進的方式，增加膳食纖維的攝取。

● 每天喝足量的水，尤其容易腹瀉的人特別需要補充水分。

● 選擇低脂肪、高醣類的食物，如：水果、蔬菜、通心麵、米飯、全麥麵包、麥片、穀類製品。

● 避免高脂肪、油炸類或辛辣的食物，並減少食用乳製品、甜食或精緻的加工碳水化合物，不喝含有咖啡因、酒精或會產氣的碳酸類飲料。

● 注意避免攝取可能會引發症狀的食物。

- 補充乳酸菌，以改變並修復腸道的菌叢生態，以維持其正常的蠕動及代謝功能。
- 可多飲用如檸檬、薄荷等香草茶。

樂活保健

緩解腸躁症首重紓壓，運用
芳香照護則是最好的選擇。

<table>
<tr><td rowspan="3">溫馨推薦
1
紓壓</td><td>配方</td><td>橙花+甜橙+薰衣草+乳香+玫瑰，上述精油各10滴，加入深色精油瓶內，即為複方精油。</td></tr>
<tr><td>用法</td><td>隨身攜帶，使用方便，可用來泡澡、薰香或定期做全身按摩。</td></tr>
<tr><td>效用</td><td>舒緩身心，穩定腸胃狀態。</td></tr>
</table>

<table>
<tr><td rowspan="3">溫馨推薦
2
熱敷</td><td>配方</td><td>薰衣草+洋甘菊+甜茴香各3-4滴</td></tr>
<tr><td>用法</td><td>把毛巾浸在滴有薰衣草、甘菊和甜茴香的熱水中後，用來熱敷腹部。</td></tr>
<tr><td>效用</td><td>溫熱體溫，伸展緊繃的腹肌，可以幫助舒緩疼痛。</td></tr>
</table>

安心Tips

- 年過40歲的人，發現一旦同時有發燒、體重減輕、大便有血絲、脫水等症狀時，應即接受大腸內視鏡檢查。

你也可以這樣做

- 混合甜橙、薄荷、薰衣草各3至4滴，添加至20ml的杏仁油（或其他基底油）中，然後輕柔地以順時針方向按摩腹部。
- 進辦公室時，先用一點薰衣草精油＋佛手柑精油，滴在面紙上，置於口袋內，隨時拿出來吸嗅，給自己一個既放鬆又能專心的工作環境。

吃太多、太快、太營養——
當心消化不良

　　國內以「吃到飽」為經營型態的餐廳愈來愈多，消費者面對琳瑯滿目的美食，很少人能夠自我節制適量取用。大多受不了誘惑或是存著「吃夠本」的心理，總喜歡在「有限的用餐時間」裡拚命取餐，來塞滿「無限的胃部空間」？非得要吃到「撐」、吃到「脹」才肯罷休。像這樣吃得太多、太快、太營養……，當心腸胃受不了，容易引發「消化不良」！

　　我的學生朝陽體型壯碩，經常動起減肥的念頭，減肥時他總是餓肚子。一旦工作忙碌、壓力大時，就有一餐沒一餐；等到忙完，又大快朵頤、吃頓好的慰勞自己。忙的時候不吃、心情不好時暴食、節慶聚會就大吃特吃；為了提神，菸酒不離手，外加酗咖啡，碰到胃痛不舒服就隨便吞個消炎止痛藥……如此糟蹋自己的腸胃，長期下來變成消化不良，到頭來只好花更多氣力去挽回失去的健康。

　　飲食習慣是胃腸健康的關鍵，正如美國胃腸學會揭櫫的名言：「好的腸胃，比好的大腦重要。」多用心建立良好的飲食習慣，善待我們的胃腸，才能享用美食、享受人生。

瞄準保健

　　吃得太多、太快、太豐盛、吃得太油膩、太辣、太難消化……，還有精神壓力太大、體重太重壓迫到胃部，都可能造成消化系統失調，或是攝取過多脂肪、辛辣食物，喝太多咖啡因飲料，使胃酸和消化酵素分泌不平衡而引起消化不良。

　　抽菸、喝太多酒、服用對胃有刺激性的藥物（如阿斯匹靈、非類固醇性止痛劑），也會引起或加重消化不良。最常出現的症狀就

是胃痛、不舒服的飽脹感、噁心、打嗝，有些人甚至會產生胸部灼熱的不適感。

寶貝自己

- 要減少消化不良的發生，最好養成生活規律、三餐正常的習慣，吃飯速度放慢，細嚼慢嚥，在口腔內將食物確實磨碎再送入胃，減輕胃的工作量和負擔。

- 改變飲食習慣，少量多餐，避免暴飲暴食。少吃高脂肪、辛辣食物，戒菸戒酒。

- 放鬆心情，適度運動，學習紓壓，並儘量少服用會對腸胃造成傷害的藥物。

- 評估可能造成消化不良的食物，注意哪些食物最容易引發腸胃不適並減少攝取它。必要時，檢查有無食物過敏。

- 進餐的同時，不可以飲用大量冰水、冰涼飲料或是以湯泡飯，如此會造成食物未經充分咀嚼即吞嚥下去，並沖淡了食物消化所需的胃酸，這都容易阻礙正常消化。

- 用餐後不要馬上躺下來，尤其睡前不要吃太多東西，以免引發胃酸逆流，造成胃灼熱和疼痛。

- 在心情愉快、時間從容的情況下進餐。避免在生氣、焦慮、壓力大時吃東西，或狼吞虎嚥、大口囫圇吞食，如此對胃腸的傷害尤其重大。

飲食調理

- 多吃富含酵素的食物，例如木瓜、鳳梨、蘋果、奇異果、香蕉、柳橙、百香果等。

- 應多吃富含膳食纖維的食物，例如燕麥、大麥、亞麻仁、胡蘿蔔、豆類、柑橘、香蕉、木瓜、蔬菜的莖葉、洋菜、銀耳等。

- 許多傳統烹調方法上使用的香草能幫助消化，尤其是大蒜、迷迭香和香料（如黑胡椒、薑、香菜、小荳蔻）。

- 薄荷葉、甘菊都對消化系統有紓緩的作用，可加在茶中飲用來改善消化不良和脹氣。

- 多喝蘋果醋可幫助消化。晨起適度喝蜂蜜檸檬汁，則可淨化血液、增加活力。

- 補充益生消化酵素，可維持正常消化功能，促進消化、吸收和分解。

- 避免服用可能傷害腸胃的藥物，如：阿斯匹靈、止痛藥、俗稱「美國仙丹」的副腎皮質素，以防止對胃黏膜的傷害。

- 不抽菸、不喝酒，咖啡與濃茶也要避免，可以減少咖啡因與酒精的攝取。

- 少吃豆類、奶類、十字花科蔬菜等產氣食物，以免腹脹難耐。

- 少吃難消化的糯米，芹菜、竹筍等粗纖維，動物的筋皮部位，並減少攝取肉類，還有刺激性食物如辣椒、芥菜、洋蔥等。

- 空腹不吃酸性食物，如柑橘類水果、醋等，以避免引發胃酸大量分泌。

善用香草可以幫助消化

● 嚼口香糖的嚼食動作會釋出唾液，可能誤導胃部以為食物即將抵達而開始分泌胃酸等消化液，容易造成慢性消化不良。

▋補充營養素

沒把握吃得百分百健康，還有這些營養素可以幫上忙──

● 乳酸菌：益生菌中最重要的一群，能代謝糖類、碳水化合物，並且可以刺激腸道蠕動，促進排便，避免宿便和抑制腸道中的壞菌生長。

● 含有益生菌的飲料，例如優酪乳，改變腸胃道的細菌生態，讓好菌多於壞菌，有助於增強消化吸收能力。

🍃 樂活保健

處理消化不良的精油排行榜依序是：薰衣草、羅馬洋甘菊、薄荷、肉桂葉、甜茴香、黑胡椒。通常可採用按摩、塗抹、熱敷、芳香浴和嗅吸方式來做芳香護理。

溫馨推薦 1 塗抹	配方	薄荷4滴+甜茴香4滴+肉桂葉4滴+無香精乳液20公克
	用法	將上述精油加入無香精的乳液中混合均勻，再用手掌慢慢搓勻、溫熱後，塗抹於下腹部、下背部。
	效用	能幫助腸胃蠕動、促進消化。

溫馨推薦 2 芳香浴	配方	羅馬洋甘菊3滴+喀什米爾薰衣草3滴+快樂鼠尾草3滴+浴鹽2大匙（30公克）
	用法	將精油滴入浴鹽，調勻後加入浴盆後進行全身盆浴，讓精油的芳香分子透過溫水散發在空氣中，透過嗅覺吸收，而精油在水中與皮膚做大面積接觸時，也是另一個吸收管道。
	效用	放鬆身心，讓腸胃系統得到紓緩。

芳香浴建議

● 盆浴前，建議先喝下一大杯溫水（250 cc）。
● 沐浴時，頸部以下要浸泡在水中。
● 注意水溫不宜太熱，以不超過41℃為宜。
● 泡浴時間約10至15分鐘為限。
● 在水中並進行身體四肢按摩。
● 沐浴後，記得立即補充水分。

溫馨推薦 3 嗅吸	配方	薄荷2滴
	用法	直接灑在手帕上，搗住口鼻，經由鼻吸口吐的動作直接吸聞。
	效用	可改善消化不良引起的噁心……等不舒坦情況。

腰部伸展操

伸展要領	雙腳打開與肩同寬，雙手與肩同高往兩側延伸，保持腹部微縮，脊椎往上拉長，操作時維持上半身挺直，避免腰椎關節受損，轉向一邊維持20至30秒，然後回到中心，再轉向另一邊，可重複施行2至3次。
保健效果	可以達到舒緩腹部肌肉壓力的效果。
特別推薦	久坐辦公桌的人、電腦族群；無論男女皆適用。

舒展腸胃，緩解不適

安心Tips

● 超如果經常出現消化不良的症狀，或感覺到疼痛延伸到肩膀或頸部並使呼吸困難時，要儘速就醫。

● 45歲以上，有胃病家族史；或有抽菸、喝酒習慣；出現吞嚥困難、黑便、體重減輕、反覆嘔吐、腹部有硬塊；或經常服用止痛消炎藥者，請勿自行服藥解決，應尋求胃腸科醫師診治，以免延誤病情。

你也可以這樣做

● 豆蔻是消化系統保健的重要精油，搭配杜松漿果精油塗抹於胃部，可以緩解噁心症狀；搭配薑精油塗在胃部，則有健胃功效。

● 三餐不定時很容易引起胃炎，若感到疼痛時可用歐薄荷、羅勒和檸檬等精油，加入植物油調和後，以順時鐘方向輕輕按摩胃部來緩解不適。

噁心、嘔吐——
不由自主的反應

　　阿班是個很拘謹有禮的男孩，認識他時，他正在美容美髮的職校裡就讀。校長邀請我去他們學校演講，分享精油在美容上的應用時，學校派出四位小正妹和小帥哥，充當我演講時的「麻豆」，他正好是其中之一。

　　演講後，他害羞地問我，可否寫電子郵件請教我事情，我的助理隨即與他互留資料。之後，他來信告訴我，只要一緊張，就覺得喉嚨有東西鯁著，接著便會感覺噁心，如果狀況未能改善，最後一定會嘔吐。阿班問我精油是不是可以抑制想吐的感覺，如果可以，能否教導他如何處理。

　　我回信告訴他，不妨選購品質精良的橙花精油，搭配薰衣草或玫瑰精油，裝入滾珠瓶中，覺得緊張時就拿出來輕抹太陽穴或人中，也可以抹在手掌中嗅吸，緊張想吐的感覺便會漸趨和緩。信件的最後我提醒他：「回想一下兩年前你所緊張的事物，如今還令你在意嗎？如果不，那麼現在你所緊張的，兩年後看來也不過是小事。精油會幫助你緩和情緒、改善噁心和嘔吐，但更重要的，是你得鬆綁自己。呂老師祝福你！」

瞄準保健

　　噁心及嘔吐通常是因為腸道中食物的蠕動前進運動受阻，所產生的一種情形。噁心，是一種將要嘔吐的不適感；嘔吐，是上腹部突然用力的把胃裡面的東西經由食道從口中噴出，經常是不自主的，且伴隨噁心感。

　　因為精神壓力、情緒上的焦慮與緊張、飲食過量、食物過敏／中毒、消化不良、病毒感染和暈車、暈船或接受化學治療後等都會引起想吐的感覺，我們稱之為「反胃」或「噁心」。噁心時若出現

盜汗、唾液分泌增加、臉色蒼白、頭暈、全身無力等症狀，最常見的原因就是吃了腐敗的食物，導致病毒或細菌感染，也就是得了腸胃炎，通常還會伴隨著腹瀉與腹痛。

噁心時，除了在胃部有非常不舒服的感覺外，常會覺得全身虛弱無力、冒冷汗及口水大量分泌等症狀。強烈的噁心感常會導致嘔吐發生，經由胃部的痙攣用力，將東西吐出來。

情緒壓力過大等心理上的問題所引起的噁心、嘔吐，較常發生於年輕女性，通常會呈慢性、反覆性發作來表現，宜從紓緩情緒以及改善生活模式上著手。

寶貝自己

● 感覺噁心時，應保持安靜、閉目養神，不要任意走動。若想嘔吐時，可到戶外做腹式呼吸調息，或小口綴飲溫水來緩解。

● 嘔吐後可用鹽水或冰水漱口，或將冰塊含在口中，讓其慢慢融化，一來可以去除殘留氣味，二來讓上消化道的血管肌肉遇冷收縮，可以緩和或停止嘔吐。

● 若是因腸胃炎所引起的噁心、嘔吐，則應飲食清淡，少量多餐；避免生冷、刺激性及油炸類食物；並注意補充水分與電解質，如運動飲料或蘋果汁。

● 可以試著熱敷上腹部左側，或服用些許制酸劑、止吐劑；保持室內空氣流通，並同時避免食物、香水等發出的重氣味或異味存在。

飲食調理

● 前幾日之內避免食用乳製品、油膩或重口味食物、咖啡因、酒精及阿斯匹靈，或其他非類固醇抗發炎劑。

● 可吃些容易消化的食物，例如清淡的流質、蘇打餅乾和吐司等。

俟能接受這些食物後，就可開始嘗試味道清淡、無油脂的食物，
例如麥片、稀飯或水果。

● 薄荷和薑茶都可減緩噁心的不適感。旅行暈車藥片也有幫助。

🍃 樂活保健

雖然嘔吐的症狀相同，但引起噁心的原因卻不同，適合用來進行芳香
照護的精油也不一樣；但整體而言，常用來處理這類問題的精油，包
括薰衣草、歐薄荷、薑、橙花、玫瑰、檸檬等。

溫馨推薦 1 嗅吸	配方	橙花+薰衣草+玫瑰，上述精油各10滴，調勻倒入深色精油油瓶內
	用法	滴1-2滴在手帕或衛生紙上直接嗅吸。
	效用	可以達到放鬆，改善情緒引起的反胃。

溫馨推薦 2 按摩	配方	薰衣草6滴+歐薄荷6滴+甜杏仁油20ml
	用法	輕柔地順時針按摩上腹部左側（胃部）。
	效用	紓解胃部糾結的不適感，清新舒暢。

溫馨推薦 3 按摩	配方	歐薄荷6滴+薑6滴+乳液30ml
	用法	在乘坐交通工具之前，塗抹在前胸及胃部，和鼻翼兩側，每隔2-3小時，多次少量塗抹。
	效用	薄荷調解呼吸深度，鎮定安神，預防暈車和嘔吐。

嗅吸改善噁心和嘔吐

● 歐薄荷+薰衣草：直接嗅吸，可以解決飲食不當引起的噁心。

● 歐薄荷+生薑：直接嗅吸，具有鎮靜效果，並可緩和懷孕初期孕吐或搭乘交通工具所引起的噁心感。

安心Tips

● 因病毒或是細菌感染造成的反胃及嘔吐，可停止進食數小時，直到胃部感到舒適為止。

● 近年來流行生機飲食，須視個人體質酌量食用，有些人吃了或喝了較多的生菜或果菜汁，也會發生噁心、嘔吐的症狀。

● 如果有劇烈且反覆性的嘔吐出現時，一定要趕緊就醫，避免脫水或休克。

噴在掌心，躍動芳香分子，改善室內氣味

你也可以這樣做

● 噁心感很強烈時，可用歐薄荷精油滴在手帕或衛生紙上，直接做嗅吸。也可以準備薄荷茶小口啜飲，會感覺清爽許多。

● 嘔吐的氣味令人難受，萬一週遭有人嘔吐，可使用佛手柑及檸檬精油來製作空間噴霧劑以改善氣味。

第四篇

擺脫感冒

呼吸順，身體機能才會順

對上班族而言，朝九晚五的上下班生活，希望每天工作愉快、過得神清氣爽；對學生而言，維持穩定的上下學作息，希望每天考試順利、和喜歡的同學相處和樂……這些平凡的心願，要靠健康出勤來達陣。然而台灣地小人稠，上下班尖峰時段看看捷運、公車、火車上的擁擠程度，讓人不禁擔心感冒流行期的中獎率有多高。

無論辦公室或學校，人口密度遠勝過家庭，疾病的傳染威脅大增，其中又以呼吸道疾病為最。萬一不小心著涼了，折磨人的噴嚏、鼻塞，加上咳嗽、喉嚨痛，有時還會痰咳不止，這些不僅是生活中的風暴，更是身體的警訊，不可等閒視之。

沒有人可以不呼吸，也幾乎沒有人不曾感冒和咳嗽，唯有呼吸順暢，身體才能維持正常機能。因此，平時請調整生活作息，注意飲食營養，做好壓力管理，工作不要太勞累……，唯有善待自己的身體，才可提升免疫力，這才是擺脫呼吸道困擾的不二法門。

調整生活，善待自己。

感冒——
試問有誰沒得過？

感冒的英文雖然是colds，但它並非是氣溫低或感覺冷所造成，而是由散布在空氣中的病毒所引發。最討厭的是，能引起感冒症狀的病毒太多了，真是防不勝防。若問這世上有誰不曾感冒過，恐怕寥寥可數。

有個笑話是：「感冒有治療7天內會好，沒治療1週會好。」感冒究竟該不該上醫院？看醫生是不是就該吃藥？這些問題見仁見智，但可確知的是，感冒時真的很不舒服。

孩子小的時候，如果發現他們出現感冒症狀，我通常會在浴室弄一盆熱水，滴入綠花白千層精油，讓他們做蒸氣嗅吸，很快地，鼻子通暢了，昏沉的感覺也會改善；或者，我會把茶樹精油加入冷開水中讓他們漱口，一天多漱幾次，喉嚨不舒服的情況也會改善。一些小撇步，讓孩子對我這個神奇媽媽佩服不已。

感冒是最常出現在我們生活中的問題，為了自己和家人的健康品質，還是謹慎面對吧！

瞄準保健

感冒分為二種，一種是「一般感冒」，是由鼻病毒與腺病毒的感染造成，它會在上呼吸道造成急性症狀如：鼻塞、流鼻水、喉嚨痛、輕微發燒、咳嗽、打噴嚏、頭痛等。另一種是「流行性感冒」，主要是由A、B、C型……等流行性感冒病毒所引起，且由於此類病毒本身會進行突變，使得人們較不具免疫力，因而容易造成大流行。

一般感冒是漸進式的發作，而流行性感冒則通常來得又急又猛，而且除了一般感冒所產生的症狀外，還會有持續發高燒或有四肢冰冷、上吐下瀉、肌肉痠痛等全身性症狀，兩者明顯不同。

有些疾病的初始症狀與感冒非常類似，如水痘、德國麻疹、日本腦炎、SARS等，若誤以為是一般感冒而延誤就醫，嚴重時可能會危及生命，應該特別注意，不要錯過了診治的黃金時間！

寶貝自己

- 一般感冒並無特效藥，看醫師的目的其實是要緩解症狀，注意有無併發症，避免錯過治療時機。醫師可能開退燒鎮痛、止咳化痰、抗組織胺等藥物來緩解症狀。

- 一般感冒大約4至5天就會慢慢痊癒。若因喉嚨痛、流鼻水、咳嗽等症狀影響生活時，可服用綜合感冒藥物來緩解不適。若超過一星期症狀仍未改善，甚至出現頸部扁桃腺腫大、鼻涕變黃等，可能合併有細菌感染，應即就醫。

- 服用高單位維生素C來對抗感冒是許多人耳熟能詳的方法，特別是它能增強免疫力，對於經常處在精神壓力緊繃狀況下的人，應具有相當不錯的保健效果。

- 發燒是身體自然的抗病反應，這時除了補充適量水分，如溫開水、花草茶、果菜汁等外，還要注意室內溫度及通風，不要穿太多衣服；可試著以溫毛巾擦拭身體，讓身體降溫；減少或暫停進食，好好休息或睡上一覺。

- 因受寒導致的感冒，可以泡熱水澡來驅寒，以提高體溫、促進血液循環及新陳代謝。但是若已發燒時就不宜再泡澡。泡澡前先喝水，水溫不得超過42℃，時間最好不超過20分鐘，以免增加心、肺負擔，對身體反而不利。不適合做全身泡澡時，可以在睡前進行溫水足浴，也可以幫助身體排汗，有利於退燒。

● 流行性感冒的傳染力極高，當出現症狀的同時，就已經有散播病毒的能力，可經由飛沫傳染給其周遭2公尺內的其他人。所以家中有人感冒，就要注意保持距離，且餐具、毛巾等生活用品必須與其他人分開。

● 勤洗手，避免以手接觸口鼻；少去人多的地方，如果一定要去公共場所時，最好戴上口罩，每天早晚量體溫，一旦有發燒現象應儘早就醫。

● 儘量降低生活壓力，壓力太大會讓人體的免疫力下降；多休息放鬆心情能縮短病程，減少併發症的可能。

飲食調理

● 飲食儘量少油清淡、少量多餐，食物不可太冷或太燙。

● 多喝水，以補充因發燒失去的水分，同時可紓緩咳嗽、稀釋痰液、鼻涕的分泌物，並可減輕鼻腔、喉嚨充血狀況。

● 避免喝酒、茶、咖啡、高糖分飲料。因為酒精、咖啡因或含糖飲料有利尿效果，反而易將身體需要的水分加速排出體外。

● 減少高油脂食物，注意飲食的均衡，尤其優質的蛋白質和維生素等絕不可缺。

● 粥很適合感冒病人，既容易消化吸收，又可幫助排汗。

● 感冒屬急性感染症，虛弱的身體機能需要時間修護，故在病程中不宜攝用過度滋養的中藥食補食材，最好等痊癒後再來進補，以免增加身體負擔。

● 檸檬汁加蜂蜜或薄荷茶能緩解感冒初期的症狀。

█補充營養素

沒把握吃得百分百健康，還有這些營養素可以幫上忙——

● 維生素A：可維護上呼吸道黏膜的健康。
● 維生素B群：對抗體、白血球的產生有幫助，平日就要補充，感冒時尤其不可忘記。
● 維生素C：在感冒初期和預防感冒時可以增強免疫力、縮短病程。
● 維生素E：修護血管壁細胞；增強免疫力。
● 鋅：可縮短感冒期、減輕喉嚨痛，但要注意劑量。
● 鐵：免疫細胞在成長時需要鐵。
● 硒：威力強大的抗氧化劑，流感季節可適量攝取。
● 卵磷脂：可增進免疫力、預防感冒。
● OPC-3：抗氧化。增進微循環，使細胞含氧量增加。

🍃 樂活保健

溫馨推薦 1 嗅吸	配方	茶樹、檸檬尤加利或香桃木
	用法	純油使用，滴1滴在手掌心上搓熱直接嗅吸，或滴於手帕、面紙、枕頭上吸聞。
	效用	在感冒初期即刻用油能緩解症狀，亦可將上述精油稀釋後用於漱口。

溫馨推薦 2 噴霧	配方	檸檬尤加利 3滴+胡椒薄荷1滴+茶樹1滴+佛手柑2滴+純水30cc
	用法	空間噴灑。任何時間、任何場所都可使用。 1.製作噴霧劑（製作方法請參閱示範光碟影片） 2.亦可將上述配方中的水改為基礎油，調和後塗於前胸及後頸部；1天2至3次，可增強免疫力，預防感冒。
	效用	創造免疫空間，增強免疫力。

配方	茶樹2滴+尤加利2滴+桉油醇迷迭香2滴
用法	將上述精油和1大匙海鹽加入浴盆中，好好泡個熱水澡，記得水溫可比平日略高。
效用	藉由水溫及熱氣可紓緩呼吸道不適，有利痰液和鼻涕排出。若要緩解肌肉痠痛等感冒症狀，希望獲得一夜好眠，可改用薰衣草、甜馬鬱蘭、佛手柑等精油。

安心Tips

● 日本研究發現：只要每天漱口，並在喉嚨發出咕嚕咕嚕聲，每天3次，每次5秒，養成習慣後就能有效預防感冒。

芳香漱口、減緩不適

你也可以這樣做

● 在感冒流行期間，可在口罩外層噴上少許茶樹或檸檬精油，過濾空氣並可殺菌。

● 感冒症狀嚴重時，睡前可在枕頭邊點上幾滴絲柏精油，幫助睡覺時呼吸順暢。

● 萬一家中有人感冒，可在客廳用綠花白千層擴香，幫大家強化免疫力，不過須避免睡前使用。

● 若常感冒、咳嗽，可用香桃木、薰衣草精油調油塗抹在胸前氣管和肺葉部位，幫助氣管肌肉放鬆，同時化解鬱痰。

一點都不酷的「酷酷嗽」——
咳嗽

　　還記得小時候，鄰居有位老爺爺，每回還沒見到他的人，就會先聽見他咳嗽的聲音。兒時的我還納悶：「他怎麼咳嗽這麼久都不會好呢？」

　　慢慢長大，聽到台灣俗諺說：「醫生驚治嗽，土水師驚掠漏。」我終於了解，咳嗽是一種很磨人的症狀，若未及時處理，可能演變成數週、數月，甚至經年的陳年老咳，人的元氣和健康也就這樣慢慢地被消蝕掉了。

　　咳嗽難治，是因為有太多引發咳嗽的可能性。當了解原因，並且下定決心排除，咳嗽終會慢慢遠離我們。

瞄準保健

　　咳嗽是身體的防衛性反射動作，是一種呼吸道的自我保護作用。當呼吸道受到感染或刺激時，就會引起咽喉部強烈、不適的收縮反射，將痰液等異物排出體外。

　　流行性感冒、上呼吸道感染最容易引發咳嗽。比較敏感的老年人及幼兒遇到冷空氣也容易咳嗽。此外，最容易遭到忽略的是鼻涕倒流、鼻竇炎，也會引發長久不癒的咳嗽。還有長期抽菸、暴露在塵土或刺激性化學物質中工作、慢性支氣管炎，就連氣喘以及長期抑鬱等身心症，有時也會以咳嗽表現。

　　有痰的咳嗽，常見於上呼吸道感染以及氣管炎、肺炎等。無痰的「乾咳」則常見於上呼吸道感染後期，或受環境中的空氣污染、過敏物質所刺激，後期亦會有鼻涕倒流、輕微氣喘現象且持續數週，夜間情況會加劇。

寶貝自己

- 找出咳嗽的原因再來對症下藥，不要一昧地服用止咳藥，以免抑制咳嗽中樞，反而不利於排痰或延誤病情。

- 水可以說是最天然的化痰劑，多喝溫開水就是最好的保養。不過千萬別喝熱開水或加鹽的水，以免喉嚨更乾渴，痰液也會變得更黏滯。

- 注意日夜溫差，重視防寒保暖，避免感冒。平時容易感冒的人，可多多按摩鼻翼兩側，舒暢鼻腔血液流動。

- 慢性久咳不止的人，可多練習腹式呼吸，把空氣吸入小腹後再慢慢吐出。

- 睡覺時將枕頭稍微墊高，可以幫助呼吸順暢、減少夜咳、乾咳。

- 頸部和腳底要注意保暖，以免引發氣管痙攣性的咳嗽。外出時最好戴上口罩，冬季記得繫上圍巾。

- 嚴禁吸菸或吸二手菸。隨身攜帶手帕，咳嗽時掩住口鼻。

- 保持室內空氣清淨，並維持一定的溫、濕度；記得按時清洗更換空調濾網。

- 可接受醫生的協助，吸出鼻道及咽喉內的分泌物或塗抹藥物，以減少不適感；或經由蒸氣的吸入以利痰液的排出。

飲食調理

- 咳嗽期間，維持均衡飲食，多喝溫開水，禁含咖啡因或含糖飲料。

- 冰冷、海鮮、辛辣、油炸、口味過重的食物是禁忌，甜食則會助濕生痰。坊間有些喉糖太甜，對止咳沒有幫助。

- 如果痰多而黏，最好少吃油膩食物，例如肥肉、奶油及花生等油脂多的食物都不宜。

● 雞肉含有豐富的蛋白質和維生素，咳嗽缺乏食慾時，可燉雞湯放入冰箱，把上層凝固的油脂撈掉，再重新加熱溫熱喝下，有助於身體復原。

● 許多水果皆屬寒性，如香蕉、橘子、西瓜和芒果等，咳嗽時最好少吃。

▌補充營養素

沒把握吃得百分百健康，還有這些營養素可以幫上忙——

● 維生素A：保護呼吸道黏膜，長期吸菸的人最好定期補充。
● 維生素B群：對抗體、白血球的產生有幫助，有助於抵抗病毒。
● 維生素E：能對抗濾過性病毒。
● 生物類、黃酮素：和維生素C協同作用，可對抗病菌，改善咳嗽、淨化血液。
● β-胡蘿蔔素：可增進免疫功能，平日就要補充。

樂活保健

精油對於紓緩咳嗽有很好的效果，可以自製清肺油膏或空間噴霧劑，非常實用。常用的精油有薄荷、檸檬尤加利、乳香、桉油醇迷迭香、百里香等。

溫馨推薦 1 塗抹	配方	薄荷20滴＋尤加利20滴＋百里香20滴及橄欖油70公克＋蜜蠟30公克
	用法	自製清肺油膏（製法可參考示範光碟影片），隨身攜帶，隨時塗抹於胸前及後頸部位。
	效用	止咳化痰、減輕呼吸不順暢所造成的心煩意亂，讓人神清氣爽。

| 配方 | 檀香10滴+乳香10滴+安息香10滴調成複方精油，裝入深色精油瓶內。
| 用法 | 隨身攜帶，使用時滴入5～6滴精油，加入250ml熱水中，將口鼻靠近直接嗅吸水蒸氣，每天3～5次，每次3至5分鐘。
| 效用 | 芳香分子隨著溫熱的蒸氣吸入後，可滋潤氣管，以利痰液排出，對付乾咳特具效果。

嗅吸蒸氣，紓緩乾咳

| 推薦精油 | 抗病毒：百里香、桉油醇迷迭香、薄荷、茶樹、尤加利、佛手柑、黑胡椒。
　　　　　　　抗菌：檸檬、尤加利。
| 用法 | 1.任選上述精油2至3種調製成空間噴霧劑。攜帶方便，任何時間、任何場所都可使用。
　　　　2.平時保養可改採蒸氣嗅吸法，每天2至3次。
| 效用 | 增強身體免疫力，隨時對抗病毒、病菌侵擾，淨化空間、改善氣場。

温馨推薦 **4** 甜杏菊花茶

配方	黃菊花2大匙、去皮甜杏仁1大匙
作法	1.材料以冷開水略微沖洗乾淨。 2.洗好的材料放入耐熱杯中，沖入300~400cc熱開水燜泡3~6分鐘即可。
療效	去皮甜杏仁具保養呼吸道的效果；但帶皮杏仁具少許毒性，故應選擇去皮者。

安心Tips

● 如果咳嗽時間超過3星期以上，應接受胸部X光檢查，以排除其他的肺部疾病或是慢性傳染病的可能。若同時伴有高燒不退、呼吸困難、喘鳴聲、胸悶胸痛、體重減輕、心律不整等症狀，或咳嗽本已好轉又突然惡化時，應立即就醫。

● 坊間及網路上流傳有許多治咳的「偏方」，如烤柳丁沾鹽、鹹檸檬蜂蜜水等，大多缺乏醫學或科學根據，只能做為改善症狀的輔助，即使對於人體無害，也不是每個人都適合，應謹慎選擇使用。

你也可以這樣做

● 家中有人咳嗽不停，可用杜松漿果或茶樹精油，用超音波精油水氧機在客廳擴香，既能淨化空氣，又可增加室內溼度（溼度儘量維持在50%至60%）。

● 擔心在公共場合咳嗽惹人厭，可在手帕點幾滴檸檬、尤加利或香桃木精油，想咳時就嗅吸一下。

● 重感冒擔心半夜咳醒過來，睡前可用茶樹純露以溫水開水1：10稀釋，當做漱口芳香水。

鼻塞・鼻炎──
讓鼻子出不了氣

我的朋友海哥是個超級好爸爸，每天清晨當海嫂做早餐時，總由他親自喚醒兩個寶貝女兒。然而冬天一到，孩子們賴床尤其嚴重，總要費許多力氣才能請公主們起床。

海哥說，他老婆真厲害，見他走出客廳，就會說：「大大還沒起床喔？」或「小小又賴床啦？」而且每猜必中。後來他才知道，原來老婆是用噴嚏聲來判斷誰起床了，因為兩個小傢伙每早必打連環噴嚏，長時間處在鼻塞的狀態，對於香和臭都很遲鈍。

他告訴我，有一回大女兒沒規矩地把鼻子貼在外婆滷的紅燒豬腳上，他正想開罵時，孩子卻興奮無比地告訴他：「把拔，豬腳原來是這種味道！我聞到了！」他把責備的話吞下去了，心疼得想落淚。

我告訴他，鼻塞是台灣人常見的問題，正好我皮包裡有香桃木精油，便送給他，同時教他怎麼幫孩子做芳香照護。聽說現在兩位公主的鼻塞問題都解決了，對氣味也敏感多了，海哥說，如果回家不立刻洗澡，她們倆還會抵制臭把拔，不肯親他喔！

許多疾病都會伴有鼻塞的症狀，像是感冒、鼻竇炎、鼻過敏、肥厚性鼻炎、鼻中膈彎曲、鼻腔腫瘤等。鼻塞、鼻炎會讓人成天昏沉沉，嚴重影響思緒的清晰，所以一定要重視。

瞄準保健

鼻塞是因為鼻腔呼吸通道阻塞，造成進出鼻部的空氣減少，呼吸的氧氣不足，輕者頭昏腦脹、注意力不集中、嗅覺變差，嚴重者胸悶、頭痛無法工作及入眠，還不得不使用嘴巴補償性呼吸的結果，使得口腔及咽喉部的水分容易蒸發散失，引起口乾舌燥等症狀。

最常見的鼻塞是感冒所引起的急性鼻炎，而過敏性鼻炎是因接觸過敏原如灰塵、花粉後引發鼻塞。另有一些人則是因氣溫、濕度、情緒等所引起，一般泛稱為慢性鼻炎。

不管是急性、慢性或者過敏性鼻炎，雖然對生命並沒有立即致命的危險，但卻是整個呼吸系統健康的重要指標，同時也會影響睡眠品質、學習或者工作表現，不應輕忽。

寶貝自己

- 擤鼻涕動作要輕柔，不可過度用力。每次只擤一邊，可避免造成內耳壓力過大，病菌反而跑至更深處。
- 使用鼻噴劑或滴劑抗鼻塞，最多不要超過3至4天，小心使用成癮。
- 淋浴時可打開蓮蓬頭，坐在浴室裡，呼吸濕潤的溫水蒸氣。
- 平日多喝溫開水。避免食用寒性的食物，包括白菜、竹筍、香菇、西瓜、柳丁、柚子、芒果等，有些茶飲（如菊花茶）屬寒性飲品，應小心選擇。
- 鼻塞時，除了戴口罩保暖外，可用指腹按壓鼻通穴（法令紋和鼻翼的交會點）、迎香穴（法令紋和鼻頭的交叉處）和合谷穴（手掌虎口）。
- 定期運動，並固定按摩鼻翼兩側，使其循環良好，有利於鼻腔暢通。
- 煮一鍋適量熱水加鹽巴，取毛巾浸泡後拿來熱敷，每次20分鐘。罩住口鼻，包括脖子前後

手部按摩可提升免疫力

尤其頸動脈，還有後頸耳下到肩膀等處；如此可改善鼻塞，口鼻的分泌物也會增多，並且比較容易排出。

● 如果鼻塞超過1至2星期，最好給醫生檢查是什麼原因。如果是過敏，醫生可能會開抗組織胺和吸入性抗發炎的藥物。

飲食調理

● 飲食以清淡為主，少吃會上火的油炸、燒烤、油膩的食物。戒除菸酒。

● 攝取完整均衡的維生素B群，建議將白飯改為五穀飯。

● 在沒有過敏的情況下，最好吃些核桃、杏仁……等堅果，補充豐富維生素E。

● 以新鮮水果取代果汁飲料。水果中，莓果類如草莓、覆盆子等含有豐富的類黃酮素，抗氧化能力良好，很適合鼻炎患者。

▌補充營養素

沒把握吃得百分百健康，還有這些營養素可以幫上忙——

● 維生素A：會保護眼、耳、鼻及呼吸道的黏膜，強化細胞膜。
● 維生素B群：攝取不足容易引起鼻竇炎。
● 維生素C：有助於增進紅血球連結，提升免疫力。
● 維生素E：修護黏膜，減輕鼻竇炎發作的程度。
● β—胡蘿蔔素：可增進免疫功能。
● 生物類黃酮素：可對抗自由基，抗過敏、消炎功效良好。
● 卵磷脂：可增進免疫力、預防感冒。
● 微量元素：硒、錳、鎂，攝取足量可減少鼻竇炎的發作頻率。

樂活保健

適合處理鼻塞、鼻炎的精油包括迷迭香、尤加利、綠花白千層、薑、香桃木、乳香等，可以製作成吸聞寶瓶，也可以調油按摩。

溫馨推薦 1 嗅吸	配方	桉油醇迷迭香2滴+尤加利2滴+香桃木1滴
	用法	將上述精油加入1茶匙海鹽，混合葡萄籽油調和後放入滴瓶中，使用時滴少許在掌心中搓熱後直接嗅吸。
	效用	使用方便可取代熱水蒸氣式，當鼻塞嚴重時能立即緩解症狀。

溫馨推薦 2 按摩	配方	1.消炎：薑+香桃木+綠花白千層+甜杏仁油10ml 2.排痰：薑+澳洲尤加利+乳香+甜杏仁油10ml
	用法	塗抹於鼻翼兩側及頸部前後部位，特別加強時，可以用指腹螺旋按摩鼻翼兩側及太陽穴。
	效用	改善因嚴重鼻塞引起頭暈、頭痛、多痰、濃鼻涕。

安心Tips

● 鼻塞時又伴有發燒、且感覺眼睛周圍腫脹，呼吸困難（非因鼻塞引起）、嘴唇呈紺（藍紫）色，手足活動困難、頸部僵直，神智不清、抽搐時，應立即就醫。

你也可以這樣做

● 平日可用茶樹精油加入熱水中，進行蒸氣式吸入，保養鼻竇暢通。

● 鼻炎發作非常難過，許多孩子會哭鬧不安，可在起居室以尤加利或檸檬精油噴霧淨化空氣，呼吸也會較順暢，讓環境與身體一起變得更為清新。

● 鼻炎發作時難以入睡，睡前可選擇薰衣草或佛手柑等精油，以超音波精油水氧機在臥室擴香，幫助病人安穩入夢。

喉嚨痛——
如鯁在喉的難過

敏惠在醫學美容專業裡，是一位表現傑出的業務專員。她每天忙著拜訪開業醫、藥局等客戶，提供公司產品知識的訓練課程。

前陣子突然覺得喉部肌肉緊繃、有異物感，聲音也開始沙啞，就連吞嚥口水時都會感到不舒服。種種的不適，令敏惠非常緊張，擔心自己得了不治之症，所以馬上掛號就醫檢查。同時，我建議她運用所學、借助芳香調油，按摩喉、頸、肩、背來紓緩緊繃的肌肉群，才經過一個星期就有了顯著的改善，讓她開心不已。

喉嚨痛時會很不舒服，但通常無害，而精油是能幫助我們解決這項困擾的好朋友。

瞄準保健

喉嚨痛可能由細菌或病毒感染所造成，它經常伴隨著感冒一同出現。病菌一旦滋生，便會導致令人不適的發炎或腫脹，包括咽頭、扁桃腺、喉頭或聲帶都可能受到侵襲。

有時急性鼻炎、中耳炎也會併發喉嚨感染。還有，像是過度使用喉嚨、發聲方法錯誤、大吼大叫、吸菸過量、灰塵、空氣污染或其他過敏物等，也會引起喉嚨發炎和喉嚨痛。

起初，喉嚨會有輕微的癢感，幾個小時後，咽頭會逐漸變紅，喉嚨也開始疼痛，到後來就連吞口水和說話時喉嚨都會痛。如果喉部持續發炎嚴重，使聲帶腫脹，便可能會造成聲音沙啞或失聲。

寶貝自己

● 喉嚨痛大部分是感冒所引起的症狀之一，因此緩解疼痛的最佳方法就是讓感冒趕快痊癒。應在家中休息，少說話，不要抽菸及喝酒，吃清淡的食物，並補充大量水分。

● 注意胸部和頸部保暖，維持室內適當的溼度。經常保持喉嚨的濕潤，可用溫鹽水漱口，但不要太頻繁（每天至多2至3次），市售漱口水通常都太過刺激。

● 小孩因為抵抗力比較弱，比大人更容易罹患扁桃腺炎。若有症狀應請假在家休息，多補充水分，可吃些軟質清涼的食物，如蒸蛋、布丁，甚至冰淇淋等。扁桃腺炎極具傳染性，通常是經由飛沫傳染，應特別注意。

● 可吃些冰淇淋。食用時先放在常溫下讓它稍稍溶化，然後小口小口含在嘴裡再慢慢吞下。由於冰淇淋含有高脂質，可潤滑口腔與呼吸道，促進紅腫部位血管收縮；同時可增進食慾、補充熱量。

● 坊間或網路上流傳許多治喉嚨痛的小偏方，如常聽到的「沙士加鹽」，其實毫無醫學根據、並不可信，最好不要隨便嘗試。喉嚨發炎疼痛，口腔黏膜已受損，再喝加鹽沙士，無非是在傷口灑鹽，也會讓喉嚨更不舒服。倒是可試試溫水加蜂蜜及檸檬汁。

● 不要用力清喉嚨或咳嗽，尤其是清喉嚨的習慣，一定要改掉。學習正確的發聲方法，不要大聲嘶吼，以免傷及聲帶，若需大量說話，請以麥克風輔助。

● 利用吸蒸氣時的溫度和濕氣可紓緩咽喉不適。在洗澡前先放熱水，讓蒸氣充滿浴室再進去洗澡；或是用熱毛巾蓋在臉上吸熱氣、利用燒開水，開水沸騰時的蒸氣也可以。

飲食調理

● 多攝取綠色蔬菜可補充維生素B$_2$，較不容易出現喉嚨痛、咽喉或口腔黏膜水腫，甚至口角炎、舌炎等病症。

● 多喝溫開水，避免喝冷飲，尤其是含糖飲料。

● 水梨、番茄、櫻桃、莓類等水果含有豐富維生素C和水分，平日應多攝取。

● 突然用嗓過度造成的沙啞，可用熱開水沖蛋白和冰糖，攪拌均勻後喝下，蛋白會保護喉嚨、減輕腫痛程度，若嫌腥味太重，可將熱開水換成熱茶。

● 經常乾咳到喉嚨癢痛的人，可多吃白木耳，因它含有豐富的黏多醣體，可潤肺止咳。也可到中藥房買胖大海，煮開後，溫熱著喝也是不錯的選擇。

▌補充營養素

沒把握吃得百分百健康，還有這些營養素可以幫上忙——

● 維生素A：會保護、修護口腔及咽喉的黏膜。
● 維生素B_2：攝取不足會經常喉嚨疼。
● 維生素C：提升免疫力、縮短病程。
● 有機酸：可殺菌、消炎、止痛，例如蜂膠中即有多種有機酸。
● 麥角甾醇：保護細胞不被自由基破壞，在白木耳中即有。
● 海藻醣：能在細胞表面形成保護膜，在白木耳中即有。

樂活保健

絲柏、茶樹、尤加利、乳香、薄荷，以及柑橘類的檸檬、佛手柑等，都可以製作成清新漱口水或親水性潤喉液，緩解喉嚨不適，效果不錯。

溫馨推薦 1 漱口	配方	絲柏3滴+檸檬3滴+茶樹3滴
	用法	將上述精油加入半茶匙海鹽，混合後倒入250cc的水中裝瓶；使用前充分搖勻後用於漱口，1天2~3次。
	效用	緩解喉嚨痛。

配方	佛手柑6滴+薰衣草6滴+尤加利6滴+茶樹1滴以及穀物酒精（伏特加）3-4cc
用法	將上述精油均勻液加入純水30ml，調勻後，以化妝棉沾取適量塗抹於喉部、頸部……等局部。
效用	紓解肌肉緊繃感，可快速改善感冒初期的喉嚨不舒服。

局部塗抹，紓解緊繃感

你也可以這樣做

● 經常使用聲帶的人，要養成保養喉嚨的習慣，每週使用乳香精油調油，自行輕輕按摩前頸部。

● 若屬於上呼吸道容易感染、經常喉嚨發炎的體質，建議每週使用2至3次百里香精油調入海鹽進行熱水蒸氣式，張嘴吸入水氣，用鼻吐氣；可重複多次，有不錯的紓緩效果。

<table>
<tr><td rowspan="3">溫馨推薦
3
芳香浴吸聞</td><td>配方</td><td>絲柏+茶樹+尤加利各取2~3滴加入1大匙海鹽（15公克）</td></tr>
<tr><td>用法</td><td>加入馬克杯熱開水中，做熱水蒸氣式吸聞，
或加入洗澡水做芳香浴。</td></tr>
<tr><td>效用</td><td>具有芳香分子的熱蒸氣，使鼻、咽、喉舒暢血流，快速趕
走不適感。</td></tr>
</table>

<table>
<tr><td rowspan="3">溫馨推薦
4
按摩</td><td>配方</td><td>乳香6滴+薄荷6滴+葡萄籽油20ml</td></tr>
<tr><td>用法</td><td>輕輕按摩頸部，加強在耳下頸部及後頸區及肩部。</td></tr>
<tr><td>效用</td><td>減輕肌肉僵硬感，處理長期大聲說話導致的喉嚨不適。</td></tr>
</table>

安心Tips

● 過度緊張也會刺激口腔黏膜，引發喉嚨發炎，應多加放鬆，盡量降低壓力。適度的運動有助於紓解壓力，還可增加肺活量。

● 喉嚨痛如果持續超過3天，或是有呼吸、吞嚥、張口困難、唾液或痰中帶血、出現紅疹、頸部觸按有硬塊、耳朵痛、關節疼痛等，還有超過50歲，長期抽菸、喝酒的人，如有持續的喉嚨痛都應該立刻去看醫生。

你也可以這樣做

● 小朋友喉嚨發炎疼痛，可在洗澡時添加香桃木和葡萄柚精油，利用蒸氣來緩解喉嚨緊繃的不舒服。

● 睡前使用薰衣草和茶樹精油薰香或漱口，不僅能改善喉嚨症狀，還能減少夜咳和隔日清晨起床的喉嚨乾痛。

美顏美體篇

第五篇

窈窕淑女

為自己體驗芳香美

「女為悅己者容」的說法似乎已經過時，28歲的凱羚是一家傳播公司的企劃，美麗而獨立的她認為現代女性更應該「為悅己而容」，她說：「我每天都會用心打扮自己，但這不是為了吸引異性或討好男朋友，對我來說，一個亮麗得體的妝扮，除了是一種禮貌之外，它會給我帶來好心情，讓我更充滿自信、更有精神地去面對一切。」

的確，有愈來愈多的女性朋友懂得呵護自己，創造出自信的美麗；尤其多年來在美容課堂教學的經驗，更讓我深刻感受到「沒有醜女人，只有懶女人」；身為女人都有追求美的權利，而變美，需要付諸行動，打造美麗需要不斷地學習，才能找到最適合自己、最美的容顏。

就像有許多精油的特性，諸如抗菌消炎、紓緩鎮靜、保濕或塑型等，原本就非常適合用在芳香美容，並可依需要調配製作成面膜、化妝水、按摩霜等保養用品，再透過塗抹、薰蒸、熱敷，按摩、沐浴等方式，發揮清潔、滋潤、緊實肌膚，修護或恢復細胞活力，延緩老化等效果；同時加強代謝、促進循環，對於掉髮、青春痘、黑眼圈、皺紋等各種惱人的問題，都有不錯的改善效果。

你將會驚訝地發現，芳香美容竟也可以幫助我們從「頭」開始、「面面」俱到、「身心」皆美，讓女性由內而外、散發出自然健康魅力！

掉髮──
不斷掉落煩惱絲

秀雲的小兒子今年剛上幼稚園，她告訴我，大兒子出生前，她的髮量比週遭朋友都要多，而且烏黑柔亮，很多人羨慕地開玩笑：「妳就是名字取得好，才會秀髮如雲。」

可是，六年接著生下三個兒子後，秀雲的髮量明顯減少，這幾年狀況更差，如今，她的頭髮已少得讓人心疼，梳頭時自己根本不忍看鏡子，因為頭皮是如此明顯。

看秀雲這麼難過，她的先生正努力存錢，想要帶她去植髮。可是秀雲心中有很深的恐懼，直問我是否有更好的辦法……。

掉髮是人體的一種代謝反應，平均每人每天掉75至100根頭髮是正常的，如果每天掉髮超過100根，而且持續1週以上，加上掉髮的前端若是尖的，那就表示頭髮還沒到自然掉落週期就脫落，這就是不正常的掉髮。

瞄準保健

一般而言，男性的掉髮問題比女性嚴重，白領階層較藍領多，用腦較多的職業又更為常見。預防掉髮，首重皮脂腺的平衡及毛囊的結構健康。

女性掉髮主要是受到遺傳因素的影響。隨著年齡的增長，會在頭上造成中度到顯著的頭髮脫落，明顯的掉髮則多從25至30歲開始。除了遺傳因素外，甲狀腺功能低下、亢進等內分泌疾病，身體免疫系統失調如紅斑性狼瘡，傳染性疾病如感染梅毒，缺鐵性貧血、內科疾病如癌症，以及產後、重病、壓力大等都會造成異常掉髮。

異常掉髮中最常見的原因為雄性禿，又稱為遺傳性禿髮，一般認為跟皮膚的毛囊結構以及體內分泌過多的男性荷爾蒙有關。女性在更年期以前，因有女性荷爾蒙的保護作用，通常只是頭頂毛髮變得較稀疏，不致於像男性般變成禿頭。

另外，造成頭髮嚴重受損有些是人為因素，如：過度染燙、不正確的洗髮或護髮、使用劣質的梳子、梳理時用力拉扯或缺乏鐵質，使頭皮毛囊無法從血液中得到足夠的氧，而影響頭髮正常生長。

寶貝自己

- 充足的睡眠，避免熬夜或壓力、情緒起伏過大，以維持正常新陳代謝及血液循環，避免阻礙毛囊吸收營養元素和含氧量，增加掉髮機會。

- 洗髮前先用寬齒、扁平梳，最好是木質或是牛角材質的梳子，梳開糾結的頭髮。先將髮尾梳開，再由頭皮梳至髮尾，使皮脂分佈均勻，也能亮麗髮絲。

- 洗髮時的水溫不可太高，並且不要用力抓頭皮，這樣會增加頭皮屑，還可能造成局部掉髮。建議以指腹按摩頭皮約10分鐘來代替指尖抓搔，以幫助毛囊代謝多餘的皮脂促進頭皮的血液循環。

- 使用吹風機時，溫度調整到中溫即可，並距離頭髮6公分以上，以免長期下來造成髮質毛燥、髮色暗沉。

- 避免經常染髮、燙髮；染、燙髮分開操作，建議先燙再染，兩者間隔至少一週，否則頭髮可能受到所使用化學藥劑的傷害而變得脆弱、容易斷裂。

- 喜歡綁馬尾或編髮的人，應該適時變換較鬆散的髮型，避免因為持續拉扯而造成髮線移動，因而掉髮。如果頭髮梳理太頻繁，也可能導致頭髮斷裂。而且頭髮濕的時候較脆弱，所以剛洗完頭應避免大力梳理。

● 洗髮時，洗髮精應先在手心稀釋，然後搓揉起泡才使用，避免直接置於頭髮上，且要將洗髮精徹底沖洗乾淨，避免殘留在頭皮。

● 髮線位置應經常調整，可以避免局部掉髮，也不要選用尖銳的針梳。造型髮用品不宜抹於髮根，至少要距離頭皮1公分以上。

● 女性在生理期、懷孕期及更年期都要特別注意營養補充，尤其是鐵質及優質蛋白質得均衡攝取。

飲食調理

均衡的營養對頭髮的健康十分重要，尤其蛋白質是頭髮的主要構造物質，也是健康頭髮的要件。若長期攝取不足，不但頭髮不會漂亮，還可能會出現脫髮的現象。可多吃含豐富蛋白質的奶類及肉類（紅肉，如牛肉）及豆類等。

● 多吃富含礦物質鋅元素的食物，可以增進蛋白質的有效吸收，還能維護健康的頭皮，如：大蒜、牡蠣、瘦牛肉、小麥胚芽、芝麻等。

● 多吃富含維生素B群的食物，如：全麥麵包、菠菜、花生、香蕉、蜂蜜、魚、蛋、糙米、山藥、啤酒酵母素等，可改善皮脂分泌失衡，維持頭皮健康。

● 避免皮脂過度分泌，淨化體質，多吃清淡的食物，如：清蒸鱈魚、水煮蛋、生鮮綠葉蔬菜沙拉等。

● 多吃富含維生素E的食物，如全麥麵包、鮪魚、蛋、深綠色蔬菜、堅果類等，可幫助頭皮細胞修護，避免髮根受損。

● 多吃富含錳的食物，如大麥、蕎麥、海帶、黑木耳、芽菜、紫蘇、萵苣等，可清除血液中過多的油脂、淨化頭皮。

● 少吃過鹹、過辣或油炸等刺激性食物，如麻辣火鍋、炸雞、滷味、洋芋片等，會使皮脂分泌量增加、皮脂堆積形成頭皮屑。

● 避免菸酒、咖啡因……等刺激性飲料。

▍補充營養素

沒把握吃得百分百健康，還有這些營養素可以幫上忙——

● 鋅、硒：強化頭皮健康及免疫力，避免毛囊阻塞導致掉髮。

● 胺基酸：修護頭皮細胞健康以及維持毛髮生長所需營養素。

樂活保健

呵護頭皮、改善掉髮問題，最常使用的精油包括杜松漿果、薑、檸檬尤加利、迷迭香、快樂鼠尾草、玫瑰天竺葵……等等。進行芳香照護時，必須耐心按摩，才能讓頭皮有效吸收。

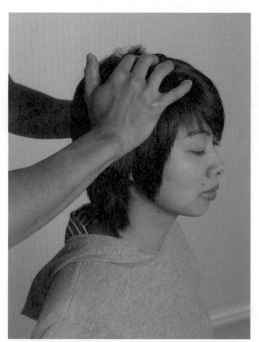

指腹按摩預防掉髮

你也可以這樣做

● 希望有效預防掉髮的人，可在洗髮精之中，加入1滴薑精油一起按摩頭皮，然後再依一般洗髮程序沖洗乾淨。

● 油性頭皮的掉髮問題，也可以利用杜松漿果、佛手柑……等精油來處理，洗髮前先調油做頭皮按摩，藉由指腹的按摩和熱氣的蒸騰，滲入頭皮吸收，淨化皮脂、舒暢循環，有助於減少掉髮。

溫馨推薦 1 清新頭皮 按摩噴露	配方	杜松漿果14滴+喀什米爾薰衣草20滴+伊蘭伊蘭6滴+穀物酒精2cc+迷迭香純露100ml
	用法	將以上精油與穀物酒精調勻後,加入迷迭香純露調合後製成頭皮保養水,用噴瓶裝並存放於冰箱,洗髮後吹乾頭皮,噴一噴頭皮,用指腹按摩。
	效用	紓緩頭皮;促進微循緩,減少掉髮的困擾。

溫馨推薦 2 塗抹、按摩	配方	月桂+桉油醇迷迭香+快樂鼠尾草各2滴,調荷荷葩油10ml
	用法	塗抹或按摩頭皮。
	效用	激勵循環、促進頭髮生長,可預防禿髮及掉髮的困擾。

溫馨推薦 3 按摩	油性頭皮屑(粒狀)配方	佛手柑3滴+檀香3滴 調10ml葵花子油
	乾性頭皮屑(片狀)配方	薰衣草3滴+茶樹3滴 調10ml甜杏仁油
	用法	1週2~3次按摩頭皮;靜待20~30分鐘後,依日常洗髮程序沖洗乾淨即可。
	效用	淨化皮脂,健康毛囊,減少頭皮屑的困擾,並可有效預防掉髮。

溫馨推薦 4 迷迭菩提茶	配方	迷迭香1大匙+菩提1大匙+洋甘菊1小匙+香蜂葉3至5片+水300cc+蜂蜜酌量
	用法	將迷迭香、菩提、洋甘菊、香蜂葉放入濾香袋中,將水煮開回溫至90℃,再將熱水沖入茶壺靜置3分鐘,以少許蜂蜜調味。
	效用	能促進頭皮的血液循環,健康毛囊。

迷迭香,可促進微循環

安心Tips

● 嚴重掉髮，若非壓力過大或作息不正常，要留意是否為身體異常的徵兆。

● 按摩頭皮，促進循環，不僅對改善掉髮有助益，身體也會更健康。

推按抓洗拍，5步頭皮健康操！

每天早、晚各做1次，持之以恆便可有效預防掉髮、白髮、減少髮色暗沉、頭髮乾燥、枯黃等困擾。

● 第1步：推──十指微屈，以指端從前髮際起經頭頂向後髮際依循直線方向推滑，反覆20至40次。

● 第2步：按──十指張開，用指端從額前正中，按壓頭皮至兩側髮際，左右依循橫線方向然後直至整個頭部。每次2至3分鐘。

● 第3步：抓──兩手十指分開抓滿頭髮，輕輕用力向上提拉，直至全部頭髮都提拉一次，時間2-3分鐘。

● 第4步：洗──兩手十指指腹往後髮際滑動頭部，如洗頭狀，約2至3分鐘。

● 第5步：彈──雙手四指併攏，以指腹輕輕彈打整個頭部的頭皮，約1至2分鐘。

洗髮前或吹髮後是按摩的適當時機，而且要注意施力均勻，最好再加上精油的輔助，例如心情緊張時可以用玫瑰精油按摩頭皮；頭皮需要好的循環，提供養份和含氧量時，薄荷、迷迭香精油效果很好；如果頭皮乾癢不舒服，使用有保濕、抗敏效果的薰衣草、玫瑰天竺葵、羅馬洋甘菊精油可以得到紓緩。

青春痘——
不再青春照樣長痘

因為一雙兒女，我有幸認識了許多可愛的年輕人，他們的活潑和創意帶給我很大的快樂。長期以來，「如何成為痘痘殺手」是詢問度最高的問題。

很多孩子向我打聽：「趙媽媽，有沒有一種藥，擦下去就永遠不會長痘痘？」我直接告訴他們，世上沒這種東西，青春痘只能預防、控制和改善，卻不可能根絕。我總是笑著回答：「即使你長大，甚至大到跟我一樣老，三不五時還是會冒幾顆痘痘啦！」

一般來說，12至24歲的族群是青春痘的好發年齡層，在此階段約有85%的人會有青春痘的困擾。不過人的一生，除了2至6歲時皮脂腺分泌偏低而鮮少會有痘痘的困擾之外，其他時期都有可能發生青春痘，所以許多較年長的女性受到生理期荷爾蒙變化的影響，一樣會長青春痘。

瞄準保健

青春痘依生成過程可分為兩大類：一種是面皰，又稱粉刺，即沒有感染、發炎的青春痘。依毛囊孔狀況，又有黑頭粉刺（開放式）和白頭粉刺（封閉式）。當粉刺形成後若受到細菌感染，皮膚產生發炎性變化，出現紅色丘疹、膿皰以及囊腫稱為「痤瘡」，也就是一般俗稱的青春痘。

造成青春痘的內在因素包括荷爾蒙失調、飲食失衡、熬夜、精神緊張、壓力過大、遺傳體質等；外在因素則包括衛生習慣不佳、化妝品使用不當、頭髮長期性覆蓋額頭或臉龐等。

成年女性的痘痘，經常與生理期及壓力有關，包括焦慮、緊張，或是換工作、搬家等各種生活上的改變，都可能促使成年人長

痘痘。除了調整生活作息、養成運動習慣、適度紓解壓力外，想要擺脫成人痘，必須有充足的睡眠。熬夜不但會影響免疫力，讓臉上的細菌有感染增生的機會；熬夜隔天，常因為腎上腺素分泌的增加常會冒痘，因為這種激素正是與青春痘息息相關的一種壓力荷爾蒙。

寶貝自己

- 養成徹底清潔肌膚、使毛孔暢通的好習慣。每天洗臉以2至3次為宜，次數過多反而會刺激皮脂腺過度分泌。
- 洗臉時選用中性、不含皂、偏弱酸性的洗面劑，避免添加香料、色料、安定劑、防腐劑的保養品。
- 多攝食纖維及補充水分，養成每天排便的好習慣；睡眠正常、適度運動，並學習釋放壓力。
- 維持肌膚的保濕性與適度滋潤，特別是膚質敏感、乾燥的人。白天可用噴霧礦泉水保濕。保濕、滋潤與防護是保持肌膚健康的金三角要素。
- 白頭粉刺或已感染的痤瘡都不宜自行擠壓，否則很容易使情況惡化，甚至留下疤痕。至於黑頭粉刺，若已露出明顯的皮脂，可洗淨雙手並消毒擠痘工具，將黑頭皮脂擠出後，再紓緩收斂毛孔和週邊的肌膚。

淨化毛細孔面膜，輕鬆做！

材料	新鮮的木瓜 10公克、原味優酪乳 10cc、麵粉1小匙（約2公克）
作法	木瓜去皮切塊與等比例優酪乳，用果汁打成泥狀的木瓜優格，取5公克與麵粉攪拌混合。
敷法	洗淨肌膚，將去角質泥均勻塗抹，紗布弄濕護覆蓋在臉上，再覆蓋一層保鮮膜，敷10分鐘後，將保鮮膜及紗布取下，以清水洗淨即可。
功效	木瓜含木瓜酵素，可軟化角質，優酪乳內含蛋白質酸，能幫助皮膚代謝。麵粉可吸附水分子，增加附著力。每周敷1至2次，可淨化毛孔，亮麗膚質。

飲食調理

青春痘的滋長或惡化，絕非單一食物所造成。但是個人飲食習慣的確有可能引發青春痘，像是偏好油炸類食物者。維持均衡飲食，多攝取新鮮蔬果，避免過度加工或精緻性食品，不僅有益健康，更能避免因飲食不當而引發青春痘。

- 注多吃含維生素A的食物，如胡蘿蔔、南瓜、菠菜、萵苣、蘆筍、苜蓿芽、豆苗等，可幫助角質代謝，避免皮脂阻塞，順暢毛孔。

- 多吃含維生素B_2和B_6的食物，例如瘦肉、牡蠣、鮪魚、綠色蔬菜、糙米、燕麥、黃豆、馬鈴薯、香蕉、番茄等，以增強免疫力，避免感染。

- 多吃高纖食物，如全麥麵包、糙米、燕麥、蒟蒻等。

- 多吃可清熱、解毒的食物，如綠豆湯、薏仁湯、苦瓜湯、冬瓜湯等。

- 少吃油炸、燒烤、辛辣類、高脂食物；少喝酒、高糖分、碳酸等飲料。

▌補充營養素

沒把握吃得百分百健康，還有這些營養素可以幫上忙——

- 維他命B_5（泛酸），能促使賀爾蒙代謝趨向正常，避免皮脂腺分泌過於旺盛。
- 葡萄酸鋅：能抑制皮脂腺的過度分泌。
- 卵磷脂：改善必需脂肪酸的吸收率。
- OPC抗氧化劑：降低毛孔阻塞情形。
- 月見草油：天然抗發炎的營養元素。
- 魚油：天然抗發炎的營養成份。
- 大蒜精：抗菌、抗發炎。
- 酵素：抗發炎、加速傷口癒合。

樂活保健

抗痘歷程人人都曾經歷，尤其看到大學一、二年級學生深受痘痘困擾，更覺心疼，迫不及待想分享芳香照護的秘笈法寶。

芳香美容的抗痘照護則不外乎：紓壓解鬱、平衡皮脂分泌、降低再次感染、排毒淨化、痘疤修護。

佛手柑、茶樹、橙花、玫瑰天竺葵、薰衣草……等精油是抗痘大功臣，善用它們來調油護理，可有效解決痘痘問題。

溫馨推薦 1 塗抹	配方	玫瑰天竺葵4滴+薰衣草4滴+沙棘油10ml+榛果油10ml
	用法	洗臉後、上床前，局部少量塗抹或螺旋式指腹按摩即可。
	效用	可改善熬夜引起痘痘，控油，改善臉部T字及U字部位長痘痘、平衡及淨化皮脂分泌旺盛。

溫馨推薦 2 清潔洗淨	配方	佛手柑+乳香+玫瑰天竺葵各2滴，調勻潔膚乳20cc
	用法	取代日常清潔乳使用，少量（5~6cc）使用，一天二次。
	效用	改善鼻頭部位出現粉刺、毛孔粗大、皮膚油光。

配方	薰衣草、橙花各2滴，調勻10ml金盞菊浸泡油
用法	每日上床前按摩或塗抹，持續3~4週後有顯著改善效果。
效用	修復肌膚，長用於痘痘消失後的痘疤修復。

🍃 安心Tips

● 由於每個人體質不同，症狀程度不一，請不要自行購買成藥塗抹。青春痘的感染處理若不慎，可能導致肌膚發炎、眼窩發炎、腦膜炎等，應找皮膚科醫師診治。

你也可以這樣做

● 家有剛剛冒出小粉刺的青少年，可用茶樹、薰衣草的精油1：1比例純油，用中指指腹點拍局部使用。

● 臉部容易出油的朋友，可使用杜松漿果、佛手柑各精油1滴加入無香精洗面乳中，按摩後洗淨，可感受到前所未有的清爽。

清新噴霧可消炎除痘

黑眼圈——
礙眼的熊貓眼

　　我認識很多夜貓族，有些是因為工作使然，有些是因為生活習慣不好，因而過著晨昏顛倒的生活。這些朋友，他們身上有幾個共通的特點：容易下肢水腫、多數中年後有高血壓、容易掉髮、常腰痠背痛，以及最明顯的熊貓眼！

　　我的朋友佳惠和如芝是難姐難妹——佳惠是護士，經常值大夜，而如芝則因鼻子過敏，兩人同樣有一對嚴重的熊貓眼。她們倆最大的樂趣就是交換保養品情報，嘗試各種去眼袋、去黑眼圈的新產品，可惜多年下來，成效有限。

　　眼部保養品的盛行，熊貓眼居功厥偉。不過，一旦黑眼圈形成，通常日積月累，經過不少時日形成的，要改善這些困擾，需要一些時間和耐心。

　　相信許多人都有過這樣的經驗，只要一熬夜或沒睡好，眼睛就容易浮腫，黑眼圈就會跑出來。黑眼圈的形成不論年齡與性別都可能發生，主要與遺傳、鼻子過敏、睡眠不足、長期熬夜、化粧品使用不當、荷爾蒙因素等有關。

瞄準保健

　　黑眼圈大多數是因熬夜所引起，這是由於睡眠不足或太過疲勞，使得眼睛周圍的靜脈血管充血、眼皮浮腫所致。

　　眼瞼皮膚是全身皮膚中最薄的地方，所以皮膚的色素或皮下的血流顏色都容易反映在眼皮表面。有些人的眼皮天生比較薄或是色素比較深，因為光線折射的關係，很容易使得靠近眼皮的靜脈血管顏色顯現出紫黑色；或是因為過敏性鼻炎，使眼睛周圍的靜脈回流受阻、循環較差而產生或加重黑眼圈。

眼皮也因為很薄，所以特別容易過敏，包括洗面乳、臉部乳液、眼霜、甚至是眼影等都可能是過敏原而引發異位性或接觸性皮膚炎，加上患者因為搔癢而長期搓揉，使得眼睛周圍皮膚的色素沉澱而形成黑眼圈。

還有，因為皮膚乾燥、老化或紫外線的傷害，使得皮膚組織缺乏彈性，導致眼皮鬆弛下垂、皺紋增加，讓皮膚看起來顏色較深而形成皺紋型的黑眼圈。

寶貝自己

- 生活作息保持正常，無論是哪種原因造成的黑眼圈，都要注意不可熬夜。請留意：長期熬夜所累積的局部色素沉澱，並不會因為補充更多睡眠而使黑眼圈現象改善。

- 可將與體溫溫度相近的熱毛巾敷在眼上（約37℃至38℃），如此可促進血液循環；再用約5℃的冰敷袋敷在眼皮上，讓眼睛周圍血管收縮，除了幫助眼部肌膚消腫，還能抑制充血；兩種方法交替使用會有明顯效果。

- 陽光中的紫外線會使黑眼圈顏色加深，所以外出戴太陽眼鏡是個好方法。

- 在眼睛上濕敷溫熱花草茶的茶包袋，幫助眼部肌膚的血液循環，也可助於預防黑眼圈形成，不過若感到刺激、發癢等過敏反應，請停止使用。

- 可以選用適當的保濕眼霜，避免眼部皮膚過度乾燥，甚至形成細紋。

- 注意選用適合度數的眼鏡，避免皺眉看文字，好讓眼睛獲得充足的休息，減少眼睛過度疲勞。

飲食調理

- 多吃富含維生素A的食物：蛋、苜蓿、胡蘿蔔、黃椒、紅椒……等，能維持上皮組織正常機能。

- 多吃富含維生素E的食物有芝麻、花生、杏仁、核桃、葵花子等，對眼球和眼肌具有滋養作用。

- 多吃富含維生素C的食物，如紅棗、橘子、番茄和綠色蔬菜等，有促進鐵吸收的作用，能促進眼部的血液循環。

- 多吃富含鐵質的食物，如：海帶、瘦肉（紅肉）、海藻、全穀類、堅果類、綠葉蔬菜等都含有豐富的鐵。鐵質能構成血紅蛋白的核心成分，促進血紅蛋白增加，增強眼周皮膚輸送氧及營養的能力。

- 每天面對電腦的上班族，電腦輻射可能造成黑眼圈，不妨多喝綠茶，因為綠茶中含有特異性植物營養素，可以有效改善。

▌補充營養素

沒把握吃得百分百健康，還有這些營養素可以幫上忙——

- SOD：消除體內自由基，改善膚色暗沉。
- 花青素：能有效促進微血管循環及血液中的含氧量。
- 膠原蛋白：滋潤、保濕，改善眼部肌膚彈性和活力。

樂活保健

羅馬洋甘菊、大馬士革玫瑰、橙花、乳香、薰衣草等精油，都是黑眼圈護理的常用精油。無論選擇何種方法，對待眼周附近的皮膚一定要輕柔。

溫馨推薦 1 冷、熱敷	配方	羅馬洋甘菊、薰衣草精油各4滴
	用法	將精油滴入250cc冷水中,再將一塊紗布或化妝棉浸入後稍擰乾,敷在眼睛上約10分鐘。此方法若改為溫熱水,即為熱敷。
	效用	冷敷、熱敷交替使用。有助於好的血液循環,改善眼睛浮腫和黑眼圈。

溫馨推薦 2 按摩	配方	乳香1滴+大馬士革玫瑰1滴+金盞花浸泡油10ml
	用法	塗抹於眼周,輕輕按摩。
	效用	眼部四周肌膚保養、預防黑眼圈。

溫馨推薦 3 塗抹、按摩	配方	真正薰衣草、羅馬洋甘菊及乳香,上述精油各1滴+甜杏仁油20ml
	用法	夜間塗抹或按摩,特別加強鼻翼兩側。每日使用1-2次,必須持之以恆
	效用	淡化鼻子不通所引起的黑眼圈、消除眼袋。

眼周按摩

適度地按摩眼睛周邊,可調節輪匝眼肌,加強營養物質的吸收和淨化。

1. 從眉頭往眉中、眉尾按壓,再以指腹從眉尾往眼瞼下方按摩至眉頭。如此重複3次。
2. 從眉頭循著眉毛按壓至太陽穴,再以指腹從太陽穴往眼瞼下方螺旋按摩至眉頭。如此重複3次。
3. 以雙手食指、中指和無名指,輕輕撫按雙眼眼皮。

配方	金盞菊10公克、薄荷葉6-10片、羅馬洋甘菊、薰衣草精油各1滴、溫水、茶包袋
用法	1.薄荷葉與金盞菊放入茶包袋 2.將精油滴入溫水中 3.再將茶包放入溫水中，泡約5-8分鐘 4.將茶包（眼膜茶包）從溫水中取出。 5.將眼膜茶包稍微瀝乾覆蓋於眼皮上約10分鐘 6.茶包取下用大拇指輕壓眼睛周圍，紓解眼部肌膚不適。
效用	可搭配羅馬洋甘菊精油加上甜杏仁油，配合按摩，可預防眼袋及細紋生成，增加電眼魅力。

芳香眼膜，電眼魅力

你也可以這樣做

安心Tips

● 對於常化妝的女性來說，要確實且深層卸妝，一週2至3次用冷壓芝麻油或甜杏仁油，卸眼妝有不錯的深層清潔效果。因為眼部肌膚非常柔弱，若讓化妝品長久累積，將對眼部肌膚形成更沉重的負擔！

● 忙碌熬夜之後，黑眼圈若顏色加重時，可使用玫瑰純露代替化妝水，用化妝棉直接輕拍眼睛周圍，然後再做眼部保養或敷眼膜。

● 過度疲勞後，黑眼圈伴隨著眼睛浮腫，可將羅馬洋甘菊精油加入熱水中，進行眼部熱敷。

皺紋——
臉上的年輪

年輪，記錄著大樹的成長軌跡；皺紋，則是歲月留下的痕跡。
然而如果可以，誰不希望自己擁有一張不老的容顏？長生不老雖是
個難以達成的夢想，但是，讓臉上皺紋減少卻是做得到的。

我的芳鄰劉太太今年將近六十歲了，但任誰都猜想不到她的年
齡，因為她的臉上幾乎沒有皺紋，不仔細瞧，連細紋都看不出來。
劉太太每天傍晚牽著小孫女去公園溜滑梯時，最喜歡有人對她說：
「妳女兒真可愛！」因為簡單一句話，同時誇獎到孫女的可愛和她
的年輕呢！

劉太太告訴我，她的青春秘方超簡單——多喝水、不熬夜、多
洗臉、洗過就拍些化妝水，她甚至從不買昂貴的保養品，光靠這幾
招就水噹噹。

皺紋是肌膚老化最容易看見的跡象。隨著年齡增長，皮膚會變
薄、失去彈性，皮脂腺和汗腺分泌的功能也會下降，逐漸衰老，產
生皺紋。皺紋如果提早出現，其實就是肌膚老化的警鈴。

瞄準保健

臉上出現皺紋一方面是內在因素所致，像是年齡增加、荷爾蒙
減少、免疫力降低、身體疾患、營養不良、過度焦慮、沮喪等精神
心理因素，另一方面則是受到外在因素的作用，像是日曬（紫外線
傷害）、空氣污染、自由基傷害、抽菸、不良飲食或不當保養等。
其中外在影響約佔80%，只有20%與年齡及老化有關。

臉部肌肉運動也會導致皺紋產生。平常不做表情就已經存在的
如法令紋、眉間紋等，稱為靜態性皺紋。一旦做表情時就會出現的
如抬頭紋、魚尾紋、皺眉紋等，稱為動態性皺紋；當年輕、皮膚彈

力好時，這些皺紋只會在做動作時出現，但隨著老化、彈性變差，愈來愈難恢復原狀，就會逐漸轉變成靜態紋。

此外，隨著肌肉組織的鬆弛，皺紋也會產生不同的深淺度，可分為細紋、粗紋、凹溝等。細紋多出現在表皮層，動態紋及凹溝的深度則已到真皮層。

出現皺紋是每個人老化必經過程，但是速度和嚴重程度卻因人而異。除了後天的保養外，受到先天基因的影響也很大，像是有些人從小就有抬頭紋，而魚尾紋、法令紋也都和體質有關。

寶貝自己

● 皮膚自然老化是不可抗拒的，因此皺紋也是無法預防的，但卻能藉由許多芳香照護的方法讓它延遲出現。

● 均衡的營養、愉快的心情，並及時發現全身性、慢性疾病，積極治療。健康的身心自然能延緩老化，皺紋較不易提早出現。

● 適度運動、多呼吸新鮮空氣，睡眠充足、不熬夜；維持正常體重，不要快速忽胖忽瘦。

● 做好正確的皮膚保養，選用適合的營養霜、眼霜等。避免用過熱的水洗臉、不卸妝就睡覺或護理時過度拉扯、推擠肌膚。

● 做好防曬措施，包括撐陽傘、戴帽子、戴太陽眼鏡、擦防曬乳液等。

● 按摩能加快血液循環，使血液暢通，組織獲得充分的養分，局部溫度升高，代謝旺盛，還能促進皮脂腺和汗腺的排泄功能，這些都有利於防皺、除皺，是日常保養最有效的方法。

● 避免養成趴睡、側睡或單邊咀嚼等習慣，以免肌肉不對稱、提早出現鬆弛。平時不做誇張表情或不當動作，例如過度擠眉弄眼、長期皺眉……等。

● 當皺紋屬於表淺性細紋時，含抗老成分的保養品還能幫上忙，但動態性的皺紋就不太可能依靠保養品，不過若能儘早處理，是可

以減緩轉為靜態紋的。目前美容醫學除開刀拉皮外，還有許多選擇如：果酸換膚、肉毒桿菌素、玻尿酸注射、脈衝光、無線電波拉皮、左旋維生素C導入等。

飲食調理

- 多吃新鮮蔬菜水果等富含維生素A、C、E等抗氧化物的食物，以減少自由基的傷害。自由基是造成人體老化的重要原因，當它攻擊皮膚表層，會使表皮細胞新陳代謝變差，使皮膚看起來黯沉、粗糙，形成皺紋、斑點和鬆弛。

- 多喝水和芳香茶飲，使皮膚潤澤有彈性；戒菸、酒、咖啡、濃茶等含咖啡因飲料。

- 多吃含維生素B群的食物，例如全麥麵包、糙米、包心菜、南瓜、萵苣等。

- 多吃抗自由基的食物，例如青花菜、葡萄、藍莓、梅子、蘆筍、胡蘿蔔、奇異果等。

- 多吃深色的食物，例如黑木耳、黑豆、黑棗、黑紫米、黑芝麻等。

- 多吃含必需脂肪酸的食物，例如深海魚、雞胸肉、酪梨、橄欖油、亞麻子等。

- 膠原蛋白可維持肌膚的濕潤及彈性，活化細胞、延緩老化，含量豐富的食物包括雞爪、豬腳、豬耳、排骨、牛筋、鰻魚、鮭魚、海參、貝類等。

補充營養素

沒把握吃得百分百健康，還有這些營養素可以幫上忙——

- 大豆異黃酮：維持肌膚彈性，光滑細緻。
- OPC抗氧化劑：有效抗自由基及增進體內微循環、增加肌膚細胞的含氧量。
- 蜂王漿：保濕、滋潤，使肌膚滋養青春。

5種當今「最佳抗皺成分」

《讀者文摘》曾專文介紹五種當今「最佳抗皺成分」：果酸、維生素A、維生素B₃、維生素C及維生素E，這些成分可以減少因膠原質纖維分解所出現的細紋和皺紋。

- 果酸（Alpha Hydroxy acids，簡稱AHA）：由多種天然蔬果中所萃取的自然酸。幫助皮膚去除堆積在外層的老化角質，加速皮膚更新；促使真皮層內彈性纖維、膠原蛋白、黏多醣類與玻尿酸增生，幫助肌膚改善青春痘、黑斑、皺紋、皮膚乾燥、粗糙等問題。

- 維生素A：一種脂溶性的抗氧化劑。可提升膠原質的產生，減弱上皮細胞向鱗片狀的分化，維持上皮結構的完整與健全，有助於健康皮膚、黏膜之形成及維持，並消除皺紋。在各種食物中以魚肝油、肝臟、蛋黃、奶油；富含胡蘿蔔素的黃綠色蔬菜和水果、油菜、辣椒、番茄、橘子等含量較為豐富。

- 維生素B₃：或稱菸鹼酸（Niacin），是一種水溶性維生素。能幫助皮膚促進新陳代謝、排除毒素、減少褐班，使皮膚更健康。在各種食物中，以動物的肝臟、腎臟、酵母、牛奶、起士、魚類、全麥麵包、花生、黃豆等含量較為豐富。

- 維生素C：是一種水溶性的高效抗氧化劑。可刺激膠原質，幫助結締組織內膠原蛋白之形成，促進皮膚重整，使皮膚緊緻光滑，細紋消失。含多量維生素C的食物包括柑橘類、莓類、綠葉蔬菜、苦瓜、青椒、番茄、花椰菜、馬鈴薯、蕃薯。

- 維生素E：屬於脂溶性，是非常重要的抗氧化劑。能促進受傷後的皮膚癒合傷口、減少疤痕，幫助身體抗自由基，阻擋紫外線，減少老人斑、減緩皺紋的產生。含有維生素E的食物包括小麥胚芽、大豆、堅果類、綠色花菜、綠葉蔬菜、菠菜、未精製的穀類等。

如果您的肌膚已經出現皺紋、細紋、老化、黯沉現象，最好的保養方法就是：多食用或使用含有上述成分的保養品，讓肌膚變得緊緻、明亮、更充滿活力！

樂活保健

大馬士革玫瑰、玫瑰天竺葵、羅馬洋甘菊、阿拉伯茉莉、乳香等精油，對於皮膚狀況的改善都很有成效，持續進行芳香護理可延緩皺紋的產生。

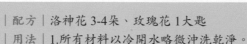

溫馨推薦 1 洛神花茶 玫瑰

| 配方 | 洛神花 3-4朵、玫瑰花 1大匙
| 用法 | 1.所有材料以冷開水略微沖洗乾淨。

2.洗好的材料放入壺中，
加入水300~400cc，以熱水浸泡3-6分鐘即可。
| 效用 | 多次沖泡飲用，可以補充維生素、滋潤肌膚、塑臉養顏。

溫馨推薦 2 按摩

| 恢復細緻配方 | 玫瑰天竺葵+乳香+大馬士革玫瑰，各4滴，調勻30cc甜杏仁油
| 用法 | 一天2次，取少量按摩臉部；也可以用上述精油進行芳香浴、熱水蒸氣式……等紓壓和保濕肌膚。
| 效用 | 改善皮膚缺水乾燥、細紋過多。

溫馨推薦 3 塗抹 按摩

| 乾性肌膚保水配方 | 阿拉伯茉莉+喀什米爾薰衣草+玫瑰天竺葵，各4滴，調勻30cc無香精乳液
| 用法 | 取適量塗抹，一天2次，配合指腹按摩，效果更佳。
| 效用 | 留住皮膚水份，以及促進皮膚組織修護，以免因乾燥而出現皺紋。可保有光澤，回春抗老化。

溫馨推薦 4 塗抹 按摩

| 潤澤美白配方 | 大馬士革玫瑰+乳香+阿拉伯茉莉，上述精油各4滴+玫瑰籽油10ml+甜杏仁油20ml
| 用法 | 每日2-3次塗抹或按摩，配合指腹螺旋式按摩，經皮膚吸收效果更好。
| 效用 | 保有濕潤的肌膚，預防臉部細紋增生，呈現青春美麗的亮麗膚質。

保溼面膜，亮麗膚色

🌿 安心Tips

● 每天進行保養時，落實先溫和去角質、再按摩、再
敷臉的步驟。

● 多吃天然食物，少吃加工食品，攝取足量的
優質蛋白質，有助於細胞修護。

● 謝絕菸酒、適度運動、睡眠充足、保持
開朗──這些是抗皺防老的最佳建議。

你也可以這樣做

● 經過戶外運動後，覺得臉部、頸部、手
部的肌膚老化，甚至有鬆弛、細紋或脫
皮等情形，這時可用玫瑰精油和伊蘭伊
蘭精油調勻甜杏仁油（2%）按摩臉部。

● 臉上某處斑點顏色特別深，可用乳香、
玫瑰……等精油調合玫瑰果油和甜杏仁
油調，局部塗抹，假以時日便可改善。

橘皮組織——
不吃橘子倒長橘子皮

惠珍的身高、體重都算標準，還有一雙比例極佳的長腿，可是她一年到頭都穿著長褲，即便參加員工旅遊晚間住在旅館時也不例外，從未有人幸運見到她的美腿。

只有極熟識的朋友才知道惠珍不穿裙子的原因，她覺得自己的腿實在太醜了。據說她在求學階段是個大胖妹，畢業後努力瘦身成功才出社會。雖然體重變輕，雙腿也變瘦變細，看起來卻非常不均勻，特別是大腿後面，依稀可看出凹凸不平，也就是傳說中的橘皮組織。

我用杜松漿果和絲柏等精油，調了一瓶油送給惠珍，囑咐她最好請家人以D字型方式輕柔地按摩大腿後方，促進淋巴循環，芳香按摩預防勝於改善。惠珍告訴我，與她同住的妹妹每天認真地幫她按摩，希望雙腿的橘皮組織不要再繼續擴散。

當肌膚的皮下脂肪細胞體積開始擴增時，會產生互相推擠的現象，而皮下空間即會出現不足而發生向上發展的情形，導致真皮層內的纖維組織也被向上提升，讓表皮開始產生凹凸不平的現象，像風乾的橘子皮，這就是俗稱的「橘皮組織」。

瞄準保健

橘皮組織又被稱為「蜂窩組織」，通常出現在脂肪容易囤積的部位，例如大腿後側、臀部、腰腹部以及手臂等，也是一般比較不容易運動到的位置。

臨床上，橘皮組織可分為四大類型：

● 水腫型：主要是循環不好造成淋巴液堆積所致，臨床上常見疼痛感及水腫，有時會伴隨靜脈曲張。

● 脂肪型：為過多的皮下脂肪堆積造成。

● 間質型：常見於年輕女性大腿淺層的輕微水腫及脂肪堆積。不會有疼痛感，而且水腫範圍僅侷限在大腿，不會向下延伸至小腿或腳背。

● 纖維型：並非過多的脂肪或組織液堆積造成，反而是因為水分或脂肪流失所致。

　　幾乎所有女性都會有橘皮組織，只是嚴重程度不同而已。因為脂肪細胞內都有女性荷爾蒙接收體，當養分進入體內後，這些吸收能力特佳的脂肪細胞，便會比身體其他部位更快速地吸取較多的養分而增大，以便日後懷孕時能提供胎兒充足營養，這也就是為什麼有許多明明已經非常苗條的女性，在某些部位仍然會出現橘皮組織的原因。

　　橘皮組織並非肥胖者的專利，包括荷爾蒙、遺傳、種族，及長期不當的飲食習慣與缺乏運動等，都會影響橘皮組織的形成，而女性因身體比較容易堆積肥厚的脂肪，再加上容易受荷爾蒙失調的影響及皮膚組織纖維構造呈垂直走向等，所以會比同年齡的男性更容易出現橘皮組織。

　　脂肪細胞在推擠的過程中也可能會連帶地壓迫到神經和微血管，導致水分和代謝物積滯於脂肪層內，因此有橘皮組織的女性，也比較容易有水腫的問題。同時，光靠減重很難將橘皮組織徹底消除掉。即使體重下降，但局部脂肪仍沒有消除時，橘皮組織依舊存在，芳香照護的局部按摩，是改善的首選方法。

寶貝自己

● 確保每天消耗的熱量比攝取的多，確實控制體重，維持BMI標準值（18.5≦BMI＜24），均衡飲食、定時定量、選擇高纖低脂的食物。

- 建立規律的運動習慣，宜結合有氧運動和肌力訓練，以促進下肢血液循環，減少脂肪沉積，如：游泳、爬樓梯、瑜伽、跑步、騎腳踏車或健身腳踏車等。

- 保持正確的儀態，因為各種不良的姿勢都會惡化淋巴和血液流動，導致停滯現象，而結果就會出現橘皮組織。

- 不要穿過緊的衣服和鞋子，它們會限制血液循環。維持標準體重，養成良好的運動習慣，按摩好發部位的局部部位，是預防橘皮組織發生的最好方法。

- 每天進行冷熱水交替式的淋浴，並使用海綿或浴刷多按摩問題部位，可以改善血液和淋巴循環，減少橘皮組織。

- 許多研究都肯定，物理性按摩對於消除橘皮組織有幫助，不論是徒手或是利用按摩器做深部按摩，來促進微細血管、淋巴循環及水分的排除，對於緩解橘皮組織都有一定功效。按摩時應把握朝淋巴系統流動的原則，例如由下往上推，或由外朝身體中心點按摩。

- 注意防曬、保濕、定期去除老廢角質，保持肌膚彈性，延緩皮膚老化，以減少真皮層中的彈力纖維蛋白流失的速度，也就減少了橘皮組織出現的可能。

橘皮組織分成哪幾種類型？

依照皮膚表面的凹凸嚴重程度，橘皮組織可分為下列四級：

- 第零級：正常皮膚表面。
- 第一級：當站立時皮膚表面正常，但用手指用力擠壓皮膚時會顯現橘皮現象。
- 第二級：不用揉捏，站立時皮膚即顯現橘皮現象。
- 第三級：不論躺下或站立都能清楚看見皮膚表面有明顯的鼓起及凹陷。

前三期多半不加壓力看不出異常，到第四級才明顯可見凹凸不平，部分甚至因為脂肪組織纖維化的外膜擠壓神經，會有疼痛的感覺。

自我測試
是否有橘皮現象？

1. 浸泡在約40℃的熱水中15至20分鐘後，看看發紅的皮膚部位是否有白點出現，若出現白點就是橘皮組織的脂肪團糾結所致。
2. 將雙手打橫放在大腿上，兩掌之間距離約一個手掌寬，微微往下按住，雙手互相集中用力，看看皮膚有無凹凸不平，來測試是否脂肪已經出現變化。

調油按摩，改善橘皮

飲食調理

- 糖、低鹽，定時定量，細嚼慢嚥的飲食原則，自然就不容易發胖而產生過多的體脂肪。
- 補充足夠水分，以排除體內毒素和廢棄物質。
- 避免含咖啡因、酒精，碳酸含糖飲料等。
- 減少肥肉、油炸類等高脂食物，米飯、麵條等高碳水化合物也要少吃；改吃沒有加工，如糙米、麥片、全麥麵包等食物。

樂活保健

促進血液及淋巴循環十分重要，因為當身體的淋巴循環變差，會影響正常的排毒功能，脂肪細胞也就會開始堆積，增進淋巴

你也可以這樣做

- 取清洗乾淨的橙皮四分之一顆，用橄欖油浸濕，然後按摩身體上相應的橘皮組織部位，按摩時均勻用力擠出汁液，結束後用清水洗淨皮膚。

循環的方法有運動、按摩及泡澡等；可以讓體內的脂肪燃燒及將體內的毒素排出。常用的精油包括杜松漿果、絲柏、甜茴香、葡萄柚、迷迭香等。

溫馨推薦 1 按摩	配方	杜松漿果10滴+葡萄柚5滴＋迷迭香5滴+甜杏仁油20ml
	用法	將調合好的複方調合油取適量，倒入雙手，均勻塗抹於腿上，4指指腹由下往上做D字型，輕撫按摩。
	效用	可促進淋巴液循環和新陳代謝，疏通及淨化體質，防止脂肪局部堆積，改善淋巴液流動。

溫馨推薦 2 按摩、芳香浴	配方	葡萄柚10滴+甜馬鬱蘭5滴+杜松漿果5滴+葡萄籽油20ml
	用法	在容易堆積脂肪的部份，大腿、屁股、上手臂等處，由下往上按摩，也可以使用在腹部上。上述精油也可以加入洗澡水中，進行芳香浴。
	效用	每週2-3次，持之以恆，能有效改善橘皮組織。

安心Tips

● 每按摩請注意：若揉捏太用力可能會造成瘀青。按摩力道輕柔，以D字型往心臟方向 直線型推滑，能有效促進淋巴循環。取迷迭香、杜松漿果等精油調合植物油按摩，有事半功倍的緊實塑型效果。

腳跟龜裂——
醜醜的腳丫子

夏天長時間穿涼鞋，或是秋冬之際血液循環不佳，腳底的角質層會厚化；角質層愈厚化，韌性與彈性就愈差，也愈容易龜裂。

我的好姐妹素玉非常重視腳丫子的保養，她曾說過，腳丫子的細緻與否牽涉到女人的魅力，誇張點說，將腳丫子視為女人的第二張臉亦不為過。對於腳跟的保養，素玉身體力行，如果當天必須長時間穿高跟鞋，當晚她一定泡腳，擦乾後抹上乳液，再穿著襪子上床睡覺，同時將腿抬高，幫助血液回流。

皇天不負苦心人，素玉告訴我，她的腳底皮膚細緻到像個孩子，連足底按摩的師傅都大感驚訝呢！

瞄準保健

人體有200萬至500萬個汗腺，其中足底約有25萬個，卻沒有毛囊和皮脂腺，屬於細緻、光滑的皮膚，必須靠角質層來防禦。腳底皮膚的角質層因生理性或病理性因素而過度厚化，當腳跟不斷摩擦、長時間暴露於空氣中，或是某些皮膚疾病，導致角質層崩開形成裂傷，造成皮膚粗糙、疼痛，甚至流血。

尤其是秋、冬季，空氣中的濕度不足，低溫使得腳跟出汗減少，腳跟又沒有皮脂膜來防止角質層水分的蒸發，所以比較會發生腳跟龜裂，情況也比較嚴重。

引發腳跟龜裂有兩大類原因：一是生理性因素，像是長時間行走或站立，或女性常穿著高跟鞋，使得腳底的角質厚化到一定程度後，因拉力或不斷摩擦而裂開；另一類是因疾病引起，如香港腳、尋常性魚鱗癬、維生素A缺乏症等。

龜裂的腳跟以手觸摸，有明顯的粗糙感。躺在床上或穿絲襪時，會有刮到床單或襪子的不舒適感覺。觀察腳跟邊緣，可見明顯而深刻的細痕，裂開時會有疼痛感。如果裂痕深達真皮層的血管，就會有出血現象，疼痛加劇。

寶貝自己

● 養成穿襪子的習慣，同時儘量穿包覆式的鞋子，不要天天穿涼鞋或太高、太緊的高跟鞋。

● 避免過度行走或久站。有空時多多按摩小腿、腳踝與腳底，幫助血液循環。

● 對於腳跟的死皮，不要用任意修剪，更不可用手去剝撕，以免造成傷口。

● 定期以溫熱水泡腳，並以浮石去除足部角質。注意浮石的清潔度，刷洗後要通風晾乾。

● 把護腳當做保養的一部分，每天洗澡後擦乾腳跟，塗抹一些含保濕滋潤成分的乳液，可以軟化角質，滋潤表皮，也可避免雞眼或是腳皮過厚。擦過後穿上襪子睡覺，幫助腳部皮膚吸收營養。

腳跟保養步驟

腳跟保養，建議在睡前進行——
1.洗淨雙腳後，在臉盆中注入八分滿的熱水（水溫不超過42℃），將雙足浸泡10至15分鐘。
2.以磨腳棒或浮石輕輕摩擦，去除腳後跟的角質。
3.以溫水沖洗雙腳，再用毛巾擦乾。
4.塗抹保濕乳液或乳油木果脂，再輕輕按摩3至5分鐘。
5.睡前穿上棉襪保護。

🌿 飲食調理

- 多補充優質的蛋白質，例如魚肉、雞肉、瘦肉、豆漿、穀米漿……等。

- 多補充維生素C和水分，有助於新陳代謝，讓皮膚充滿彈性，例如柳橙汁、金桔檸檬汁、葡萄柚汁、奇異果汁等。

- 維生素A有助於改善皮膚乾燥粗糙和鱗屑，修護組織，含量豐富的食物有胡蘿蔔、南瓜、菠菜、萵苣、蘆筍、苜蓿芽、豆苗、芝麻、花生、黃豆……等。

- 補充必需脂肪酸Omega-3及Omega-6，例如冷壓的苦茶油、橄欖油、亞麻籽油、鮭魚、鮪魚、酪梨等。

南瓜富含維他命A，有助修復肌膚

- 多補充生物素（Biotin，又稱維生素H），以促進皮膚健康、緩和發炎症狀、改善粗糙乾裂。含量豐富的食物有核果類、水果、啤酒酵母、糙米等。

🌿 樂活保健

乳香、安息香、玫瑰天竺葵、大馬士革玫瑰、沒藥、薰衣草等精油，都很適合用來保養腳跟皮膚。

你也可以這樣做

- 冬天容易腳跟乾裂的人，可用薰衣草加沒藥，調和葡萄籽基底油，在睡前按摩腳部，既可改善乾裂又能幫助血液循環。

- 冬天夜晚，可準備一盆溫水給親愛的伴侶泡腳，10分鐘後擦乾，以佛手柑、薰衣草精油調勻甜杏仁油幫他按摩腳底，可撫慰一日奔走的辛勞，不僅能預防腳跟龜裂，還能幫助睡眠。

溫馨推薦 1 塗抹		
	配方	乳香+玫瑰天竺葵各6滴
	用法	將上述精油加入20cc小麥胚芽油,調和後每一次取適量塗抹。一天2-3次即可
	效用	滋潤乾燥肌膚、預防乾裂。

溫馨推薦 2 塗抹		
	配方	安息香+大馬士革玫瑰+薰衣草 各4滴
	用法	將上述精油加入30ml乳液,調和後每一次取少量塗抹。
	效用	滋潤肌膚,修護腳跟或手掌乾裂的膚質,使鬆弛肌膚回復彈性。

溫馨推薦 3 塗抹		
	配方	乳香、沒藥、玫瑰天竺葵各20滴 香膏原料:蜜蠟、乳油木果脂、可可脂、植物油(如甜杏仁油、紫草浸泡油)
	製法	1.將蜜蠟放入內鍋中隔水加熱至融化。 2.緩緩加入植物油,並持續攪拌。 3.滴入事前準備好的精油。 4.倒入盒中待其凝固。
	用法	取上述滋潤香膏,調和後塗抹。每次少量塗抹,1天2-3次。
	效用	改善腳跟或手指乾燥龜裂,潤澤肌膚。

安心Tips

● 若經塗抹乳液或油脂、穿上棉襪等護理後仍不見改善,這表示尚有病理性因素必須診治。一旦有出血或傷口時更應接受治療,以免釀成蜂窩性組織炎。

塗抹香膏,改善腳跟龜裂

靜脈曲張──
雙腿上的藍色蜘蛛網

　　我認識的護理人員相當多，這些南丁格爾個個是醫療尖兵，儘管工作壓力沉重，卻能保有令人尊敬的熱忱和專業。

　　我認識阿敏時，她還是個小護生，透過一路進修、學習，考得執照後，進入大醫院任職，在她最喜愛的婦產部工作。阿敏知道我喜歡精油，也常用精油照顧週遭的朋友，所以非常認同我。她曾詢問，有沒有辦法用精油來改善靜脈曲張呢？因為她自己和身邊的同事，或多或少都有這個問題，因為護士站著工作的時間很長，就算天天穿彈性襪也很難避免，靜脈曲張已成為她們的職業病。

　　我以絲柏精油為主，搭配葡萄柚和杜松漿果，調了一瓶油送給阿敏，請她每晚睡前按摩下肢。阿敏的使用心得是：已形成的「藍色蜘蛛網」雖沒消失，但雙腿變得比較輕盈，腫脹的難受感不見了。她欣喜地詢問我配方，說要請年輕還沒發生靜脈曲張的小護士幫忙實驗，也許用來預防，效果會更好喔！

瞄準保健

　　靜脈曲張又稱靜脈瘤，俗稱「浮腳筋」；因為長期久站或其他因素使得腿部血液無法順利送回心臟，血管壓力增加使得靜脈瓣膜承受更大的破壞，造成血液淤積形成靜脈扭曲及腫大，使腿部冒出紅色或藍色，像是蜘蛛網、蚯蚓般的扭曲血管，或者像樹瘤般的硬塊結節，讓雙腿產生搔癢、腫脹、痠麻、疼痛、沉重感及夜間腳抽筋的現象。

　　靜脈曲張的發生與遺傳、持續久站久坐、口服避孕藥、懷孕、缺乏運動、提重物、便秘、肥胖、水分攝取不足等有關；年齡越大，發生的機會也越高。女性比男性多，尤其老師、護士、外科醫

師、髮型師、專櫃小姐、廚師、餐廳服務員等職業因為需要長時間站立，屬於高危險群。

寶貝自己

- 避免久站或久坐不動，至少每小時要活動一下。站立過久時，可原地踏步、動動腳趾，幫助血液循環。坐著時也不要交疊雙腿或翹二郎腿。

- 每天持續做些緩和的運動如走路、游泳、騎腳踏車等，除能改善循環外，還能降低發生速率。

- 睡覺時將腳稍微墊高。每天將腳抬高超過頭部（30至45度）至少10分鐘，或常練習瑜珈的倒立姿勢。

- 保持理想體重，避免過度肥胖，可減少靜脈曲張的機會。

- 積極治療會引起腹內壓升高的疾病：如便秘、慢性肺疾等。

- 根據研究顯示吸菸會增加血壓，讓靜脈曲張的情況惡化，因此請戒菸。

- 穿著合適的彈性襪或纏上彈性繃帶，將下肢淺靜脈予以適當的壓迫，使其沒有擴張的空間。最好早上起床就馬上穿，等到腳已腫起，再穿就沒有效了。

- 不要穿緊身褲或束褲、避免常處於高溫下（如洗溫泉）、小心服用避孕藥等，這些都會使血管擴張而可能加重症狀。若嚴重時可能會產生反覆潰瘍、感染和出血的現象，應儘早請教專科醫師診治。

飲食調理

- 以高纖、低脂為飲食原則。多吃富含膳食纖維的食物，例如燕麥、胡蘿蔔、豆類、柑橘、香蕉、木瓜、柿子、蔬菜的莖葉、洋菜等。

- 補充維生素C，可幫助膠原蛋白生長，維持血管彈性，含量豐富的食物有番茄、花椰菜、高麗菜、青椒、胡蘿蔔、南瓜、菠菜、萵苣、蘆筍、苜蓿芽、豆苗、柑橘、葡萄柚、藍莓、芭樂、奇異果等。

- 補充維生素E，能改善末梢血管彈性，預防及紓緩靜脈曲張。含量豐富的食物有小麥胚芽、黑麵包、蛋。

▌補充營養素

沒把握吃得百分百健康，還有這些營養素可以幫上忙——

- 超級抗氧化劑OPC-3：改善微循環，舒暢血流。

- 綜合維他命與礦物質：增強細胞活性、維持微血管管壁的彈性、消除腫脹。

樂活保健

絲柏、乳香、檸檬、玫瑰是處理靜脈曲張的最佳用油，還可用天竺葵、杜松漿果、葡萄柚……等精油以及基礎油例如雷公根浸泡油等輔助，效果相當不錯。

溫馨推薦 1 足浴	配方	絲柏+檸檬+葡萄柚，各2-3滴，溶於海鹽1大匙（15公克）
	用法	足浴，加入溫水中，泡腳10-15分鐘，一周2-3次。
	效用	促進腿部末端微循環，改善下肢浮腫；紓緩腿部靜脈曲張。

安心Tips

● 懷孕期間，在出現妊娠紋之前，以橙花精油加荷荷巴或甜杏仁油，輕輕塗抹於 腹部，具有預防妊娠紋形成的功效。

調雷公根油塗抹，有助微循環

你也可以這樣做

● 護士、老師、專櫃小姐等經常久站的職業，必須謹防靜脈曲張，而絲柏、杜松漿果……等精油正是最好的保健用油，可以調勻乳霜，每天晚上在患部的邊緣輕輕擦拭塗抹（不要按摩），幫助血液、淋巴液循環。

● 發現雙手或雙腳的血管特別浮起，可選用大馬士革玫瑰或葡萄柚、迷迭香……等精油，加入溫水中，做手浴或足浴，改善血流、紓緩肌膚。

精神保健篇

第六篇

我有公主病嗎？

你累了嗎？小心慢性疲勞！

　　你可曾有這樣的感覺？每天過著忙碌緊張的生活，常常提不起勁，陷入一種難以解釋的疲倦感，這種長期的身心疲憊，並不會隨著周末假日或年假而自動消失——倘若你長期處於這樣的感覺之中，就要注意了！如果置之不理，任其不斷累積，很可能形成慢性疲勞，破壞免疫功能，進而引發疾病，危害健康。

　　我常告訴上班族朋友，要懂得自我進修，也要懂得自我照顧，對於各式壓力和挫折，應該積極面對和調適，而非一味地壓抑和逃避。要學著觀察自己，嘗試改善生活型態、轉換情緒、培養能量，以享受身心健康。

　　芳香精油對於神經系統的作用是多元化的，例如：檸檬、葡萄柚精油、大西洋雪松等精油可以提振精神、增加元氣；薰衣草、羅馬洋甘菊……等精油則具有鎮靜效果，不但能放鬆精神、安撫情緒，甚至還能幫助睡眠。

　　尤其運用精油芳香護理，不僅能紓緩身心、調整精神狀態，還能強化、調和神經系統，對於頭痛、偏頭痛、失眠、壓力、焦慮、憂鬱等各種問題，都有不錯的改善效果。

　　就算是大忙人或女強人，何妨放慢腳步，感受一下身體的需要，運用芳香保健來解決神經系統的問題，幫助自己重新找回活力！

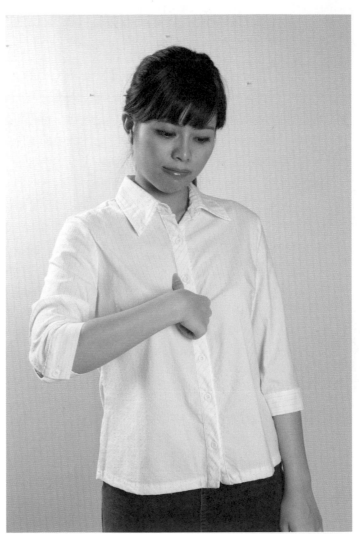

芳香保健，找回清新活力

頭痛──
連孫悟空也受不了

　　我認識許多樂在工作的朋友，無論男女，他們認真的身影都令我動容。然而，或許是過度專注，或許是過於緊繃，這群朋友之中，很多人有頭痛的老毛病，尤其以個性急躁的人最容易感覺脖子和肩膀「緊緊的」，每當這種感覺出現不久，後腦和兩側太陽穴便開始痛了起來，有些人甚至懷疑自己的腦子裡，是否長了「不好的東西」。

　　好友彩萍曾對我形容，發作時像被好幾條皮帶緊緊捆住頭部，愈想掙脫，就箍得愈緊。聽這番形容，我不禁想起《西遊記》裡的孫悟空，受不了唐三藏唸「緊箍咒」而痛到在地打滾的慘狀。

　　彩萍是幸運的，她接受專科醫師的診治，適度服用微量的止痛劑和肌肉鬆弛劑，還向我學了幾招樂活保健，透過精油按摩來安定情緒、放鬆全身。在我耐心叮嚀的勸告下，她終於重新檢視自己的工作習慣，把步調稍微放慢，儘量讓生活作息規律。果然，惱人的頭痛慢慢遠離，整個人也變得較有精神……。

瞄準保健

　　幾乎每個人都有頭痛的經驗，造成頭痛的原因非常複雜，往往不只是「頭在痛」，而可能是生理或心理機能異常的警訊，更可能是肌肉痙攣、神經緊張、鼻竇充血、生理傷害、眼睛疲勞、過度日曬、過量酒精或腦部病變等因素所造成。

　　根據國際頭痛協會的分類，頭痛主要分成兩大類──

　　第一類是原發性頭痛，意謂頭痛本身即為痛的成因，包括有偏頭痛、緊縮型（又稱壓力性、張力性）、叢發性與三叉自律神經頭痛及其他等；通常屬於慢性、反覆發作的頭痛，超過百分之九十的頭痛患者屬於此類。

第二類是次發性頭痛，意謂頭痛是由其他原因所引起，例如腦部病變（腦瘤、腦出血、腦水腫）、頭部或頸部外傷、感染、體內失衡、精神疾患、顱部或頸部血管疾患，或其它如鼻子（過敏性鼻炎、鼻塞、鼻竇炎）、眼睛（青光眼、近視眼、眼鏡矯正不良）、耳朵（中耳炎）等疾病。

一般來講，原發性頭痛的病人比較熟悉頭痛的發作；而次發性頭痛則常是以前沒有頭痛而現在開始頭痛，或新發生的頭痛特徵與之前的頭痛不一樣。

緊縮型頭痛是一般成人最常見的頭痛，特徵是緊繃、壓迫感，通常發生在頭的兩側。頭痛的時間或長或短，特別會在忙碌、緊張與心情煩躁時會更嚴重。緊縮型頭痛與肌肉緊繃、無法放鬆有關，可能因工作環境、心情及職業的關係，長期處於緊繃的狀態，交感神經處於興奮狀態，肌肉難得有放鬆的時候；或是因工作常要維持某一特別的姿勢，致使某部分肌肉（特別是後頸部肌肉）發生過勞現象而導致頭痛的產生。

頭痛並非心理疾病，如果已影響日常生活，千萬別默默承受。儘管多數反覆性頭痛可能無法治癒，但經適當治療或紓解，可減低頭痛的頻率和嚴重性。

🌱 寶貝自己

- 頭痛時可以冰敷或熱敷：冰敷（以毛巾包裹冰袋）頭痛部位，每次20至30分鐘，每天1至2次；或是熱敷（以毛巾包裹熱水袋）頸部、肩膀，或以蓮蓬頭直接沖溫水按摩，幫助肩頸肌肉放鬆。

- 請勿過度依賴藥物：一般常見的普拿疼（paracetamol）、阿斯匹靈（aspirin）或普羅芬（ibuprofen）等止痛藥，雖能緩解頭痛，但不可每天服用。請按照醫師指示服藥。

- 學習自我放鬆法：持續地放鬆肌肉、調整呼吸，或是靜坐、冥想、沉思。重新看待競爭與挑戰，並學習紓解壓力，避免情緒過

度起伏。

- 養成規律的運動習慣：每週至少3到4次的有氧運動，如健行、慢跑、游泳、騎自行車或打球等，不僅有益身心，還可大幅減少頭痛的發作。

- 保持氧氣充足：不要將室內門窗完全緊閉，睡覺時更不宜將頭蒙住，那會造成血液裡含氧不足、二氧化碳濃度大增，使血管收縮而造成頭痛。

- 保持好的睡眠習慣：不熬夜也不賴床，睡眠不足或過多都會導致頭痛。

- 起床時若常會頭痛：可在就寢前吃些「健康」的宵夜，例如低熱量的水果、餅乾、紫菜湯、熱牛奶，或配上小麵包、三明治等，但不要有過多油脂。

- 特別推薦腹式呼吸：腹式呼吸可緩解頭痛。平躺在床上，用腹部力道將氣呼出，再慢慢以鼻子吸氣，這會幫助身體恢復平靜和紓緩緊張。

- 頭痛時可指壓虎口（大拇指與食指相連的部位，即「合谷穴」位置）：以左手壓右手虎口1分鐘，然後換右手壓左手虎口1分鐘，連續交換數次可緩和頭痛。

調整呼吸，舒解壓力

飲食調理

三餐定時定量，不可挨餓；避免空腹過久，也勿隨便跳過一餐。長時間不進食會影響血糖，也容易電解質不平衡，會引起頭痛。以下是飲食調理的原則——

- 多吃富含維生素B、C、E的水果，例如櫻桃、奇異果、木瓜、蘋果、香蕉、酪梨、番石榴、柿子等。B群可調節神經系統、消除疲勞；維生素C可對抗壓力、預防感冒，降低頭痛的機會；維生素E可維持紅血球的健康，預防因貧血引起的頭痛。

- 多吃五色食材，例如花椰菜、紫色甘藍菜、甜椒、青椒、油菜等、白蘿蔔、黑木耳、山藥、黃豆製品等……均衡飲食。

- 多吃堅果類，補充鎂、鈣、鐵，例如黑白芝麻、南瓜子、葵瓜子、杏仁、腰果、花生等。其中，鎂可以調節血流量，放鬆肌肉和神經；鈣可強化神經傳導，穩定情緒；鐵可預防因貧血引起的頭痛。

- 不吃含有組織胺或是會引發組織胺釋放的食物，例如番茄、優格、起司、巧克力、香蕉、柑橘類水果、醋等，而且應避免飲用酒精和服用一些特定的藥物。

- 避免臘肉、香腸、火腿、熱狗等含有亞硝酸鹽的食物。

- 不吃太鹹、太辣、太冰、太燙的食物；拒絕油炸類、甜食和垃圾食物，不吸菸、少喝酒。

- 飲用咖啡有時可治療頭痛，但嚴重頭痛時，單靠咖啡因往往是不夠的。研究顯示，咖啡因過度使用反而會導致慢性每日頭痛。經常頭痛者，反而適合減少咖啡因飲料（例如咖啡、茶），並注意是否有戒斷咖啡因後頭痛的情況而不自知。

樂活保健

芳香照護是處理心因性頭痛問題的高手，常用的精油包括薰衣草、迷迭香、歐薄荷、洋甘菊、佛手柑、橙花、茉莉、玫瑰。

在處理頭痛問題時，我認為薰衣草精油中，以種植在高地的喀什米爾薰衣草效果最佳。迷迭香種類繁多，在此特別推薦採用桉油醇迷迭香。至於洋甘菊精油，以羅馬洋甘菊為首選，我欣賞它的紓解力，而且連孩童也能使用；德國洋甘菊氣味較重在穩定心神、釋壓，與紓緩情緒也有不錯的效果。

此外，我喜歡利用芳香植物的花或葉的芳香特質製作簡單的茶飲，緩解頭痛之餘，還能增添生活樂趣喔！

<table>
<tr><td rowspan="4">溫馨推薦 1 蜂蜜薄荷綠茶</td><td>材料</td><td>綠茶包1個、新鮮薄荷葉10片、蜂蜜適量</td></tr>
<tr><td>做法</td><td>1.薄荷葉以冷開水略沖洗乾淨。
2.所有材料放入耐熱杯中，沖入500cc熱開水，燜泡3至5分鐘，再加入少許蜂蜜調味即可。</td></tr>
<tr><td>效用</td><td>紓緩頭痛，同時具有解熱清涼效果。</td></tr>
</table>

<table>
<tr><td rowspan="3">溫馨推薦 2 按摩</td><td>材料</td><td>薄荷1滴＋羅馬洋甘菊1滴＋喀什米爾薰衣草1滴＋杏仁油10ml</td></tr>
<tr><td>做法</td><td>進行5至10分鐘的臉部淋巴按摩。</td></tr>
<tr><td>效用</td><td>疏通臉部淋巴，暢通鼻腔四周的鼻竇，紓緩緊縮型頭痛；減緩鼻充血所引起的腫脹與壅塞感。</td></tr>
</table>

<table>
<tr><td rowspan="3">溫馨推薦 3 嗅吸</td><td>配方</td><td>薰衣草1滴＋玫瑰1滴</td></tr>
<tr><td>用法</td><td>掌心、手帕或面紙吸聞：將上述精油滴在掌心，雙掌互相摩擦溫熱後，貼近鼻子吸聞，或將精油滴在手帕或面紙上隨時嗅吸。</td></tr>
<tr><td>效用</td><td>釋放壓力，放鬆身心，有效紓緩瞬間壓力型頭痛。</td></tr>
</table>

配方	薰衣草2滴＋薄荷2滴
用法	冷敷於額肌或枕肌：在臉盆內加入冷水1000cc，滴入上述精油，將毛巾完全浸入水中5至10分鐘，隨後擰乾水分將毛巾直接敷在額頭（額肌）或頸後（枕肌），閉上雙眼並放鬆心情約5至10分鐘。毛巾可重複浸泡，一天進行5至10次左右。
效用	可紓解壓力，紓緩疼痛、焦躁不安，對抗因悶熱或日曬過久所引起的緊縮型頭痛。

〈ps:血管痙攣引起的頭痛，則不可以冷敷〉

安心Tips

● 適當且平衡的生活方式，包括健康飲食、規律睡眠和適度運動，對降低頭痛的頻率和嚴重度是很有幫助的。

● 大部分的頭痛並不會造成生命危險，不必過度恐慌。平時多注意身體健康，做好生活管理，善用各種舒壓技巧，頭痛的發作頻率便能降至最低。

● 治痛比止痛重要！專科醫師呼籲，頭痛若已明顯影響日常生活，應考慮主動「治痛」，經由定期服用預防性藥物，有效降低頭痛發作次數及嚴重程度，改善生活品質，而不需常常忍受折磨，成天擔心頭痛何時會發生。

● 長期性頭痛請不要掉以輕心，應立即諮詢專業醫師。

你也可以這樣做

● 將薰衣草花水、玫瑰花水、洋甘菊花水等任一種加入冷水中，用來冷敷眼睛、額頭或太陽穴。

● 如果手邊有玫瑰、杜松漿果、洋甘菊、甜馬鬱蘭、薄荷、檸檬尤加利等精油，可依個人喜好，選擇1至3種精油進行純精油吸聞、芳香浴或按摩，對於紓緩頭痛都有不錯的效果。

偏頭痛──
最難受的一種頭痛

昭芳是我以前的會計，生得面貌端正，氣質出眾，是個清秀佳人。然而每到下午兩、三，她就開始眉頭緊蹙，不愛講話，與人發生衝突的機率大增。

我無意中發現，昭芳經常服用止痛藥，詢問之下才曉得，下午時分是她最痛苦的時刻，因為偏頭痛折磨她好多年了，有時痛到最後會覺得眼睛快睜不開。她自知不該吃太多止痛藥，可是痛起來根本受不了。

「呂姐，我聽說喝很濃的咖啡可以止頭痛，也試過一段時間，那麼做卻害我晚上失眠、早上起不來，結果連上午也開始頭痛。」昭芳的口氣都快哭出來了。

我於心不忍，調了一瓶油送給她，教她怎麼進行芳香療法。短短的時間裡就看出效果，偏頭痛雖無法完全斷根，卻能有效紓緩情緒，清秀佳人的甜美，終於可以持續一整天了。

瞄準保健

偏頭痛和其他類型頭痛最大的差別，在於它常發生在頭部的一側，多在太陽穴和眼眶附近。偏頭痛會定期或不定期地反覆發作，原因不明，應與腦部動脈微細血管的收縮有關。發作時有如經歷一場「腦中暴風雨」，患者頭痛欲裂，苦不堪言，還會感到噁心，對光、味道和噪音敏感，嚴重時甚至無法工作。每次發作時可持續4至72小時。

偏頭痛首次發生時間介於10至40歲之間，甚至小孩也會發生。生活中有許多因子可能引發偏頭痛，像是某些食物、紅酒、戒斷咖啡因、用餐不正常，甚至是緊張的情緒，這使得許多人誤以為它是

心理問題。

目前醫學上將偏頭痛區分為「有預兆型」和「無預兆型」。有預兆型的症狀包括會看到閃光、複視、猛打呵欠、頭暈、飢餓口渴、肌肉沉重、情緒改變等。這些症狀可能持續約5至60分鐘，顯示疼痛即將降臨。出現預兆後，沒有發生頭痛的機率是很低的。無預兆型開始時是輕微頭痛，其後強度逐漸增加，並伴隨有噁心、嘔吐、腹瀉、流汗、發冷等症狀。

偏頭痛有70%和體質有關，並具有家族遺傳性。女性患者約是男性的3倍，可能與荷爾蒙有關，尤其月經期間較容易發作。有偏頭痛的人，年齡從3、4歲到80、90歲都有可能，範圍很大。國外統計，20至45歲的青壯年時期，是偏頭痛盛行的高峰。尤其是年輕女性，發作機會更高。

當偏頭痛的徵兆出現時，患者通常會本能地退到一個較暗而安靜的房間。在一開始發作時就使用止痛藥，對減輕或紓解疼痛很有幫助。

寶貝自己

● 寫「疼痛日記」──最有效的防治方法就是知道什麼會誘發偏頭痛，又該避免哪些可能的因子。可做一個月的日常生活記錄，內容包括：發作過程、飲食、藥物、排便習慣、工作、情緒、運動、旅遊、甚至天氣變化等。再經由分析日記來找出引發反覆頭痛的原因。

● 生活儘量規律，每天維持固定的日常作息，不要在陽光過度強烈的時段外出、少去空氣不好的場所。避免因為忙亂和壓力讓偏頭痛有機會出現。

● 規律充足的睡眠很重要。即使週末假日，也儘可能維持和平常一樣的睡眠時間。

● 學習做肌肉放鬆或從事各式耐力運動，如散步、騎腳踏車、慢跑

或游泳等，對預防偏頭痛有正面效果。

● 最好在感覺將要頭痛或開始發作40分鐘內就服用止痛藥，愈早服藥效果愈好。發作時儘量躺著休息，當頭痛愈來愈嚴重或講話、思考能力不同於以往時，應即就醫。

飲食調理

● 偏頭痛的發生與食物息息相關，許多含有酪胺酸的食物如巧克力、冰淇淋、柑橘類水果、起司、咖啡因、酒精、堅果、醋、優格、酵母菌等，或含有添加物如味精及醃製加工肉品如香腸等都可能引發偏頭痛。

● 飲食應確實攝取均衡的營養，並儘可能在固定時間用餐。

樂活保健

芳香照護非常適合在日常生活中用來調理身心，它可以有效地預防突發性偏頭痛。不過當疼痛來襲時，還是應視個人狀況來採用最適當的照護方法，例如有些人可能不願在此時被碰觸身體，有些人則不喜歡吸聞到平日不熟悉的氣味等。同時，注意室內溫、濕度的控制，燈光的調節等以維持一個舒適的環境等，對於紓緩偏頭痛很有幫助。

溫馨推薦 1 冷敷	材料	喀什米爾薰衣草+薄荷，上述精油各3-4滴
	用法	上述精油加入約一臉盆冷水中後，將毛巾浸泡3至5分鐘後取出，稍稍擰乾放置於前額或太陽穴等處；可重複多次，儘量讓毛巾溫度較體溫為低。
	效用	紓解壓力，減少煩躁、去除焦慮感。
		〈ps:血管痙攣引起的偏頭痛，則不可以冷敷〉

溫馨推薦 **2** 熱敷	配方	甜馬鬱蘭+喀什米爾薰衣草，上述精油各3-4滴
	用法	上述精油加入約一臉盆熱水中後，將毛巾浸泡3至5分鐘有溫熱感後，再取出，稍稍擰乾放置於後頸部。
	效用	舒暢血流，疏通阻塞，紓解肩、頸部肌肉僵硬與緊繃感。

溫馨推薦 **3** 按摩	配方	羅馬洋甘菊10滴+葡萄柚10滴+薄荷5滴+迷迭香5滴；甜杏仁油30ml
	用法	按摩上背部，特別加強在肩、頸部，每次15至20分鐘，每週一次。若時間許可，每周可安排一次全身淋巴按摩，效果更佳。
	效用	日常保養，呵護身心，消除肌肉疲勞，釋放壓力，活絡循環，紓緩偏頭痛的煩惱與焦躁。

溫馨推薦 **4** 嗅吸	配方	橙花精油1滴（可換成洋甘菊或薰衣草精油）
	用法	滴於手心上予以搓熱後，直接湊近鼻子吸聞。
	效用	可紓緩因面試、考試等立即性壓力所引起的偏頭痛。

花香噴霧可釋放焦躁情緒

當您頭痛時，是否有以下的特徵？

1. □ 不吃藥，頭痛發作持續4至72小時
2. □ 痛的部位在頭的一側
3. □ 痛起來一脹一縮，有搏動的感覺
4. □ 平常身體的活動，譬如走動和運動，頭痛更痛
5. □ 你的日常生活受到相當影響
6. □ 頭痛時曾伴隨噁心
7. □ 頭痛時曾伴隨嘔吐
8. □ 頭痛時會怕光而且怕吵
9. □ 類似的頭痛經驗，至少有5次以上

如果您第1及第9題答「是」，且第2至5題至少答兩個「是」，
且第6至8題至少一個「是」，那麼您很有可能有偏頭痛。

＊資料取材：台灣頭痛學會《有效管理偏頭痛手冊》
www.taiwanheadache.com.tw

安心Tips

● 發作時儘量躺著休息，當頭痛愈來愈嚴重或講
話、思考能力不同於以往時，應即就醫。

● 外出或旅遊時記得隨身攜帶偏頭痛藥物。藥物
須經醫師指示服用。

你也可以這樣做

● 德國洋甘菊對偏頭痛特別有效，可用它
來做嗅吸，或是製造芳香噴霧劑。

● 很多女性到了下午會偏頭痛，可用薄荷
搭配葡萄柚精油，滴在手帕上做嗅吸，
或是使用擴香，偏頭痛便會緩解。

壓力——
如影隨形的無聲殺手

　　現代人總喜歡用更少的時間來做更多的事，把追求效率變成了一種壓力，養生專家們開始提倡「慢活」運動。「慢活」就是平衡——該快就快，能慢則慢，我們都該學習把生活節奏放慢，選擇適合自己的步調，沉澱身心，壓力自然就會減輕。

　　我有一位從事證券業的朋友，生性要求完美的他，總是抱怨工作壓力大到不行，一天到晚嚷嚷全身不舒服。退休之後，他的生活有了很大的轉變，他每天除了要照顧雙胞胎小孫子之外，還在社區裡當起園藝志工，更參加了守望相助巡守隊，晚上還得值班，忙得不亦樂乎！

　　在旁人眼中，他現在的生活比起以前朝九晚五吹冷氣上班的日子，好像辛苦了許多。他卻說，能夠做自己喜歡的事，放鬆了以往滿腦子都是數字的緊張情緒，加上每天經常活動筋骨，不但控制了高血壓，還治好了他多年的頭痛。

　　每個人在每個生命階段裡都有不同的壓力。壓力不會自動消失，如果不好好處理，還會不斷累積，甚至一點一滴地侵蝕健康。我們都該正視壓力的存在，勇於面對它、轉換它、改變它！最好每天都能撥出一點時間調整腳步，傾聽自己的需要，用心來多愛自己一些！

第六篇　我有公主病嗎

你正受到壓力困擾嗎？

當有下列徵候時，需注意自己是否正受到壓力的困擾，壓力的早期信號包括：不耐煩、疲憊、健忘、緊張兮兮、無食慾、頭痛、潰瘍、咬指甲、失眠、經常傷風感冒、肌肉痠痛、掉髮、胸痛、低血糖、高血壓、高膽固醇、腸胃不適、月經問題、不孕症等。

瞄準保健

　　美國國家科學協會指出：長期處在壓力下，會使人的老化加速9至17年。在所有疾病中，壓力造成的症狀占了50%；70%至80%就醫的神經系統相關疾病都與壓力有關。研究發現，生活壓力降低了個人對疾病的免疫能力，例如：長期生活在壓力下的人，感冒的機率是常人的3至4倍。疾病可能是壓力的結果，也可能本身就是主要的壓力來源。

　　英國最新研究則發現，工作壓力會令人變胖，其罹患肥胖症的機率最多增加達73％；壓力升高時會顯現在腰部形成一大圈贅肉，尤其中年時期特別明顯。

　　壓力從以下三個層面危害我們的健康：

　　　1.破壞免疫系統，降低身體對於受感染與癌細胞的攻擊力。

　　　2.使血壓升高，破壞消化功能並引起疲勞，這些現象對身體器官都有害。

　　　3.人們會因過於專注壓力，以致於疏忽了疾病的症狀。

　　壓力是適應與生存的自然機制，如影隨形，不可避免。在某些情境下，壓力卻也是一種解決問題的動力與催化劑，可提高工作效率，加速達成目標，端賴如何面對與調適，例如運動員就是在極端壓力下才能不斷打破記錄。

寶貝自己

● 經常做正面思考，多回想成功、美好的經驗；或從工作、嗜好中尋求滿足及自我肯定。

● 找出壓力的源頭，並透過適當的情緒宣洩來紓解，例如向好友或專業輔導人員傾訴。

● 充足的睡眠和規律的運動，能緩和生理上與情緒上的緊張並幫助放鬆。

- 學習一些放鬆的技巧，例如瑜珈、靜坐冥想、深呼吸、肌肉鬆弛運動，以及培養各種能讓心情愉快的興趣。

- 終身持續的學習，來不斷提升自我，培養勇於面對壓力的態度與智能，以增進 適應力與抗壓耐力。

飲食調理

- 抗壓的飲食原則：定時定量、均衡的飲食習慣；多蔬果、多雜糧、少脂肪、少調味；8 杯水、8分飽、不誤餐、不偏食。

- 多吃富含維生素B群的食物，例如：胚芽米、糙米、薏仁、小麥胚芽等全穀類、酵母、深綠色蔬菜、牛奶及乳製品、瘦肉等，以安定精神，促進神經系統健康。

- 多吃富含維生素C、E的食物，例如許多新鮮未加工過的蔬菜水果，或是植物油、堅果類、深綠色蔬菜、小麥胚芽，番茄、花椰菜、高麗菜、青椒、胡蘿蔔、南瓜、菠菜等都含有豐富的抗氧化物質，能調節自律神經，身心平衡、遠離壓力。

- 補充銅、鈷、錳、鐵等微量元素及磷、鉀等礦物質，可幫助情緒穩定，同時強化免疫力。

- 避開會增加身體壓力的食物：

    1.含咖啡因、甜度高的飲料。

    2.高糖、高鈉、油炸、高脂肪食品及辛辣刺激性食物。

    3.經過加工的精製食物或是含化學添加物的食品。

- 不要以刺激性的飲食或菸、酒來排遣壓力，結果一定適得其反，而且危害健康。

多蔬果有助穩定情緒

樂活保健

藉由肌膚溫柔的「碰觸」以及芳香分子的觸動嗅覺，能安定情緒、紓緩肌肉緊繃，感受到被接受、被關心，不論在身體或心靈都能獲得最大的撫慰；同時，按摩能增進血液循環與淋巴排毒，不但能緩解肌肉疲勞、疼痛，還能透過提升免疫力、活化細胞組織機能等，所以無論自己動手按摩或藉由芳療師，施予全身或背部的芳香按摩是紓解壓力最有效的方法。

我常將下列精油推薦給壓力大的朋友：

1. 佛手柑：紓緩焦慮，安撫憤怒及挫敗感。
2. 羅馬洋甘菊：舒解氣憤、不安、倦怠、煩躁的情緒。
3. 快樂鼠尾草：鎮靜放鬆，帶來幸福溫暖的感受。
4. 玫瑰天竺葵：平衡身心，提振精神，舒解壓力。
5. 檸檬：提振精神，瞬間呈現神清氣爽。
6. 大馬士革玫瑰、茉莉、橙花：與自我連結、寵愛自己、自我肯定，提升自信。

溫馨推薦 1 塗抹	配方	玫瑰1滴+伊蘭伊蘭1滴+橙花1滴+香膏基劑10公克
	用法	取香膏基劑隔水加熱，溶解後滴入上述精油，隨身攜帶，隨時塗抹於胸口或其他耳垂後方、手腕……等平常習慣的塗抹香水處。
	效用	可紓緩情緒，使心靈平靜，讓長期以來的沮喪有如撥雲見日。

溫馨推薦 2 按摩	配方	玫瑰天竺葵1滴+快樂鼠尾草1滴+羅馬洋甘菊1滴+甜杏仁油10ml
	用法	1.睡前或起床前，配合按摩手技使用。2.D字形淋巴按摩～前胸、太陽神經叢。
	效用	讓心緒平靜，不再緊繃（身、心、靈的速效減壓法）。

安心Tips

- 做做好時間管理，可以紓緩工作壓力；充分且足夠的休息，避免過勞。

- 有時過度專注於壓力本身，也會形成另一種壓力，凡事隨緣順心即可，不必過分強求。

- 打破平日固有的生活模式；例如，改走平日少走的路、改吃平常未曾嘗試的異國料理等，為單調的生活增添新的樂趣。

- 情緒低落時，可補充少許五穀雜糧等穀類餐點，提供血清素形成的元素，體內血清素的分泌帶給自己「世界都美好」的氛圍。

你也可以這樣做

- 內心感到沮喪、挫折時，可在手帕或手心滴上橙花精油嗅吸，能提振精神。

- 情緒盪到谷底時，不妨在室內點上葡萄柚薰香，再來杯檸檬紅茶，能幫助紓緩壓力，一掃心中陰霾。

- 前往探病、弔喪的前後，可塗抹杜松漿果或岩蘭草精油於掌心，有淨化氣場的作用，讓自己不會有心理壓力。

失眠──
徹夜輾轉難入睡

　　有一次我到台南大學講課，和學生們談談現代人該如何照顧身心健康。當時我做了一個簡單的調查，發現近1/4的學生有失眠的困擾；其中甚至有學生表示，他失眠的理由竟是「擔心自己睡不著」，失眠問題本身儼然成了新的壓力源。

　　造成失眠的原因很多，大多和心理因素像是壓力太大、沮喪、情緒過於興奮等有關，或者是生活習慣造成，例如睡眠不定時、睡前吃太飽等；只有少數是受到睡眠環境、疾病或藥物的影響。

　　失眠不只讓人白天沒有精神，還會引起注意力不集中、使血壓升高、肌肉緊繃、引發頭痛等問題。長期下來還會使免疫功能降低、記憶力減退、脾氣變得暴躁、憂慮和慢性疲勞等。

　　我們一生當中有三分之一的時間是在睡眠中度過，換句話說，睡眠的品質決定了生活的品質。我們每天面對工作壓力，生理和精神上的負擔已經很沉重，千萬不要讓失眠問題，健康隨時都會亮紅燈，不能輕忽。

失眠人口超乎想像的多

一星期至少3天出現睡眠障礙，也就是入睡時間需要30分鐘以上，而且情況持續超過1個月，就可稱之為「慢性失眠」。根據台灣睡眠醫學學會所做的「國人睡眠趨勢大調查」，2009年全台灣慢性失眠症的盛行率是21.8%，按此推算：國內失眠人口至少超過500萬。

瞄準保健

　　失眠常和晚間或睡前的腦部活動有關，例如壓力過大或用腦過度。經調查發現，國內慢性失眠患者睡不著的主要壓力來源分別

為，經濟壓力、工作壓力、家庭壓力和身體健康問題。

慢性失眠症患者身體不健康的比例較非慢性失眠者高出3.5倍，尤其三高疾病（高血壓、心臟血管疾病及糖尿病）與失眠共病情形嚴重，每4個慢性失眠症患者中，就有一個人有三高之一的疾病。

女性比男性容易失眠，超過40歲以上的失眠者中，女性是性的1.5~2倍，主要原因與女性生理變化有關，也就是受到更年期的影響。

傳統認為每天應該睡滿8小時的觀念，並不全然適合每個人。睡得多，不一定睡得飽；睡得少，也不代表睡不好。只要晚上容易入眠，一覺醒來感覺精神飽滿、神清氣爽，就是擁有好的睡眠。經常性睡太多的人，容易有較不健康的身體；甚至有報導指出，如果睡眠不滿5小時或超過8小時，中風機率與死亡風險便會增加。

國內曾驚傳有高鐵駕駛因服用安眠藥過量，導致意識不清，開車開到一半昏睡。事實上，大部分患者無法光靠藥物來擺脫失眠，建議調整生活型態，並運用一些輔助方法改善或尋求專科醫師協助。像是芳香照護對於心因性所引起，無論是長期性過度緊張、焦慮、沮喪或暫時性的睡眠品質不佳都具有很好的改善效果。

寶貝自己

- 牛奶及黃豆是鈣質最佳來源，睡前一杯溫牛奶或豆漿，加上少許蜂蜜，或添加燕麥片、芝麻粉等，不僅可代替宵夜，還可有效助眠。

- 睡前可做腹式呼吸或肌肉放鬆的動作，並嘗試學習瑜珈、冥想等可以幫助身心放鬆的運動，有助於消除一天的緊張。

- 養成按時就寢、準時起床規律的睡眠習慣，以免擾亂生理時鐘，影響入睡。維持安靜、溫濕度適當、通風良好的睡眠環境，以及舒適的床鋪。

- 適量、規律的運動如跑步、游泳、騎腳踏車或有氧運動，對睡眠都非常有幫助，但最好在傍晚前完成。若在睡覺前做劇烈運動，將會使交感神經興奮，反而不易入睡。可試著在白天快步走上一

個小時（或累積走上一萬步），並在晚餐後散步一下。

- 有些藥物如類固醇、止喘藥、利尿藥、強心藥、降血壓藥、感冒藥、減肥藥、頭痛藥，以及對胃部有刺激性的藥物都可能會影響睡眠，請向醫師確認。

- 連續失眠 1 週以上或已影響到生活與健康時，應向神經內科醫師求助，不要一味忍耐。

- 枕邊人若不停打呼導致你失眠時，應請對方就醫以解決問題。

飲食調理

- 多吃富含色氨酸的食物：色氨酸是大腦製造血清素的原料。血清素是一種可以減緩神經活動、讓人放鬆、引發睡意的神經傳導物質。 色氨酸含量高的食物像是香蕉、棗子、優格、全麥餅乾、小米、喬麥仁、葵瓜子、南瓜子、腰果、開心果、無花果等。

- 多吃富含維生素B群的食物：包括全麥麵包、糙米、包心菜、南瓜、萵苣、海帶、紅蘿蔔、蓮藕、堅果、酵母粉等。維生素B群具有安定神經的功能，特別是B_1、B_6、B_{12}、菸鹼酸及泛酸。須注意若食用過多的加糖飲料及甜食會耗損體內的維生素B群。

- 睡前禁喝咖咖、茶、可樂等含有咖啡因或酒精的飲料。

- 避免在晚上食用糖、起司、巧克力、火腿、香腸、馬鈴薯、茄子、泡菜、菠菜……等。這些食物含有豐富的酪胺酸，有興奮刺激腦神經的作用，會造成不易入睡。

- 睡前避免吃過量的肉類或太過油膩、易產生氣體或添加刺激性調味品的食物，以免增加腸胃負擔，影響睡眠。

- 補充礦物質鈣和鎂，可安定神經，幫助放鬆肌肉，幫助入睡。補充卵磷脂可改善神經緊張所引起的失眠。

- 傳統食療：紅棗、百合、茯神、芡實、桂圓、蓮子、藕粉都具有安神鎮定功效。可以飲用或煮粥皆有很好效果。

樂活保健

芳香照護對於心因性所引起，無論是長期性過度緊張、焦慮、沮喪或暫時性的睡眠品質不佳都具有很好的改善效果。

為失眠的朋友特別推薦以下精油：

1. 苦橙葉：柔化緊張情緒。
2. 薰衣草：撫慰不安的心情。
3. 佛手柑：給與能量，平撫沮喪心情。
4. 甜馬鬱蘭：平衡身心，促進分泌血清素，對改善焦慮性失眠很有幫助。
5. 羅馬洋甘菊：安撫、鎮定。
6. 快樂鼠尾草：放鬆、紓壓。

特別為失眠的朋友推薦以下用法：

1. 定期性全身按摩：紓壓解鬱，紓緩焦慮，調整身心的平衡，對改善長期性失眠很有幫助。
1. 睡前足部按摩：精油能直接由皮膚滲透微血管，舒展身心，是天然的助眠良方。
3. 睡前純油吸聞：將純油滴在枕頭或睡衣上，形成芳香氛圍，能有效放鬆、舒眠。
4. 泡澡、泡腳：既可消除疲勞，又能放鬆緊張情緒。

請依失眠情況，以及個人愛好的香味選擇上述適合的精油種類和使用方法。

溫馨推薦 1 嗅吸

配方	薰衣草+快樂鼠尾草各取10滴，加入深色精油瓶內，即為複方精油。
用法	將複方精油直接滴2-3滴在枕頭或睡衣上，或滴在化妝棉、紙巾上再塞入枕套內，用量較省、效果也更直接。
效用	在床上翻來覆去、輾轉難眠者適用。具鎮定、紓緩、平衡作用，使煩躁情緒平靜下來培養睡意。

溫馨推薦 2　薰衣金盞茶

配方｜薰衣草1大匙、金盞花1大匙、菩提子1大匙、蜂蜜適量

作法｜1. 薰衣草、金盞花、菩提子放入濾網中，再置入可耐熱壺中沖入300-400cc熱開水，並加熱燜泡3-6分鐘。

2. 在燜泡後將濾網取出，用蜂蜜調理口味濃淡。

效用｜薰衣草、金盞花、菩提子能安定心神，有效紓緩失眠。

溫馨推薦 3　盆浴足浴

配方｜苦橙葉+薰衣草+佛手柑各3-4滴

用法｜將上述精油加入2大匙浴鹽（30克），溶於水中，進行盆浴或足浴。

效用｜因焦慮、緊張不安而難以入睡者適用。可紓壓解鬱、鬆弛身心，使情緒受到安撫作用產生鎮靜效果。

足浴注意事項

● 不論足浴或泡澡，水溫都不宜太高，請勿超過40℃。
　水溫如果過熱將會活化交感神經，反而使精神振奮而無法放鬆。

溫馨推薦 4　足、背部按摩

配方｜甜馬鬱蘭+羅馬洋甘菊+快樂鼠尾草各4滴，調勻甜杏仁油20ml

用法｜足部腳趾按摩：足部按摩時，重點在於逐一按摩腳趾。
　　　背部按摩：請他人代勞，加強在肩、頸部以及脊椎兩側。

效用｜因筋疲力竭、過度疲勞而無法入睡者適用。可消除疲勞、溫暖身心，使過度緊繃的肌肉得以放鬆而產生睡意。

安心Tips

- 不要讓自己處在饑餓或過飽的狀態下入睡。

- 睡前不要喝太多的水，以免頻頻如廁，打斷睡眠。

- 睡前30分鐘到1小時，洗個熱水澡或做溫和的伸展運動，能使皮膚血管擴張散熱，體溫下降而利於入睡。

- 上床30分鐘後若仍睡不著，不要勉強躺著，可起身做一些能放鬆身心的活動，直到有睡意再上床。

- 不要在床上看電視、看書等，進入臥室就該休息。

- 躺到床上就該放下情緒，不要想明天的工作或待解決的事情；更不要擔心自己會失眠，也不要頻頻看鬧鐘。

你也可以這樣做

- 經常失眠、夢魘的人，睡前用薰衣草精油洗熱水澡，出浴後為自己沖杯薰衣草花茶，並事先在臥室使用噴霧式精油或薰香，它的氣味會促進 α 腦波活動，達到安神功效。

- 不容易入睡的朋友可在睡前30分鐘，以羅馬洋甘菊精油在房間進行薰香，培養睡覺的情緒。

- 經常失眠、容易沮喪或焦躁不安的人，可在枕頭滴2滴橙花精油，保證一覺到天亮。

焦慮——
面對壓力的最常見反應

　　有次演講結束後，一位美麗少婦向我詢問「怎樣可以不焦慮」。我反問她：「是什麼原因引起焦慮呢？」她支支吾吾，很快就藉故離開。

　　幾天後，她來電向我的助理報名，表示希望學習居家芳療，但請求我在電話中聽聽她的煩惱。很遺憾地，當時我電話不斷，錯過了她。

　　再度見到她時，已經是兩個月後。少婦的模樣有很大的改變，人瘦了一大圈，還帶著很深的黑眼圈。她終於告訴我，她在焦慮什麼。原來，她的先生在大陸經商，每次回台灣總會抽檢孩子的功課，只要成績表現不如先生的意，便怪她沒把孩子帶好。久而久之，她只要想到先生月底即將回家，就開始心跳加速、食不知味，三天兩頭感到心悸、冒冷汗……。

　　每個人或多或少都會面臨來自工作、家庭、人際關係及生活中種種的壓力所帶來的焦慮。焦慮是面對壓力狀況的自然反應，但有許多人會比一般人容易出現擔憂的現象。當焦慮無法被表達或釋放、心理上的根本因素沒受到妥善解決時，焦慮就會成為問題。

瞄準保健

　　焦慮會影響心理造成情緒緊張、焦躁不安、容易發脾氣、注意力不集中、坐立不安等；在生理上則會促使交感神經興奮，造成腎上腺素加速分泌而出現心悸、高血壓、呼吸困難、頭痛、消化不良、腹瀉、頻尿、冒冷汗、手腳顫抖、容易痠痛疲勞、口乾舌燥等身體反應；行為方面則容易衝動，甚至以吸菸、酗酒、濫用毒品等來逃避、抗拒焦慮。

所謂的「焦慮症」是指除了無法釋懷的焦慮感外，還伴隨著以下情況：

1. 過度與不切實際，且不斷重複的擔心念頭。
2. 持續超過6個月以上。
3. 嚴重到影響日常生活與工作。

某些疾病、食物過敏或某些藥物的副作用可能會增加焦慮症的症狀，例如：心律不整、低血糖、停經前症候群，以及咖啡因、酒精、尼古丁的影響，都可能產生與焦慮症相類似的症狀。

在醫學上，焦慮症又細分為廣泛性焦慮症、恐慌症、懼曠症、社交恐懼症、特定性畏懼症、強迫症、創傷後壓力症、因疾病（如甲狀腺機能亢進）或濫用藥物（如安非他命）等所導致的焦慮症。其中最普遍的廣泛性焦慮症，若持續未獲得治療，極可能又演變成恐慌症及重度憂鬱症。

寶貝自己

● 焦慮並非罪惡，也不是懲罰，更無需當做是一種人格的缺失標記，它只是對大多數人而言一些不愉快的感受。當焦慮感上門時，先暗示自己：「一切都沒有問題、我可以應付得來」，移轉心念，並讓自己輕鬆下來，拒絕接受焦慮的擺佈。

● 轉移注意力是跳脫焦慮情境最好的方法，盡快找到合適自己的放鬆方式，像是輕量運動、瑜珈、靜坐冥想或接受心理治療，都對減緩焦慮很有幫助。

● 做深呼吸、放聲大喊、伸展四肢、按摩太陽穴、左右移動下顎鬆弛臉部肌肉、擺動頭部、上下聳動雙肩等，想辦法讓身體動起來，不讓焦慮感上身。

● 泡個熱水澡，促使身體加速血液循環，幫助身體放輕鬆。

● 定期運動可以培養精力，有助於身心平衡。

飲食調理

● 避開刺激性的食物如茶、咖啡、酒精、含糖碳酸飲料及精煉的糖製品。少吃高油脂、高糖的垃圾食物。

● 喝些具有鎮靜作用的花草茶，例如：甘菊、香蜂草、石灰花（椴）、啤酒花、馬鞭草等。

● 將燕麥片或麥片粥加入日常飲食，對緩和焦慮來說是相當不錯的補充品。

樂活保健

芳香保健能舒展身心，對焦慮的個案照護有不錯的效果。依情況不同，可以多做選擇喜好的精油和使用方法。

1. 將8至10滴的薰衣草（還可混合其他喜愛的精油）倒入浴盆中泡澡，可紓緩失眠、躁動、焦慮與緊張。

2. 將薰衣草、乳香精油、檸檬精油加入薰香器，可緩和房間內的氣氛；將這些精油少許滴上手帕，可讓你一整天都帶著香氣。

3. 其他適用的精油還包括：快樂鼠尾草、德國洋甘菊、羅馬洋甘菊、乳香、甜馬鬱蘭等。乳香能調息、增長呼吸的深度；甜馬鬱蘭的芳香分子能增加腦內血清素的分泌，化解因過度焦慮而失眠的情況。

快樂鼠尾草

溫馨推薦 **1** 嗅吸	配方	甜橙+甜馬鬱蘭+佛手柑各10滴，滴入深色精油瓶內，即為複方精油。
	用法	將上述複方精油滴1-2滴，滴於掌心，搓熱後直接吸聞或用薰香器直接薰香。
	效用	能提振精神、舒展情緒。

溫馨推薦 **2** 塗抹	配方	薰衣草1滴+洋甘菊1滴+廣藿香1滴+甜杏仁油15ml
	用法	製成調和油後的滾珠劑型，可隨意塗抹於胸口、手心、手腕、人中或腳底的湧泉穴。
	效用	可以將深層的壓抑情緒，逐漸獲得釋放，身心舒暢。

安心Tips

● 轉移注意力是跳脫焦慮情境最好的方法，盡快找到適合自己的放鬆方式，像是輕量運動、瑜珈、靜坐冥想或接受心理治療，都對減緩焦慮很有幫助。

● 某些疾病、食物或藥物的副作用可能會引起焦慮，例如服用抗憂鬱劑初期可能會引發焦慮，請與醫師討論，切勿自行增減藥量或停藥。

你也可以這樣做

● 發現處於嚴重焦慮而無法自拔時，利用伊蘭伊蘭或葡萄柚精油薰香，可改善氣場。

● 有閱讀習慣的朋友，建議找一本喜歡的書籍，用甜馬鬱蘭精油灑在書籤上，當情緒開始跌落谷底時，打開書本嘗試閱讀，給自己撫慰的力量。

● 洋甘菊可以撫平激動和憤怒，可準備一些洋甘菊花茶，需要時飲用。

憂鬱——
不容忽視的負面情緒

小莊的嬸嬸在工廠服務了大半輩子，卻因老闆決定移民，員工被迫歇業，只好賦閒在家。

小莊的嬸嬸正逢空巢期，兒女都在外地求學，加上失業的打擊，整個人變得很消沉，不愛說話也不喜歡外出，連上菜市場都變成一大負擔，整天躺在床上不肯起身。小莊的叔叔心想不能繼續這樣下去，便拖著妻子去看精神科，最後得知，她真的罹患了憂鬱症。

憂鬱的表現形式包括傷心、氣餒、絕望，常會缺乏活力、無精打采，但有時又會焦慮不安、躁動不止，且持續數週、數月或更久。憂鬱的程度可以是輕微或嚴重的，最嚴重的會有想自殺的意圖。此外，身體也會出現問題，例如沒有胃口、體重減輕或增加、還有頭痛及睡眠等問題。

瞄準保健

據估計，約有30%的人在一生當中的某個時刻會有臨床上所謂的憂鬱症。女性比男性容易罹患憂鬱症，人數約多一倍，這可能與女性通常較願意求助及求診有關，或者是因女性生理期、懷孕和停經時的荷爾蒙改變有關。

有研究認為：男性憂鬱症患者的數目可能被低估，因為男性對憂鬱症普遍有負面感覺，一般抱有不求助、不求診、不傾訴的「三不態度」。他們害怕一旦確診，被標籤為弱者、精神病患者或是不受歡迎人物等。

憂鬱症是一個青春期就會發生的疾病。根據董氏基金會2002年所作的調查，發現課業表現愈差者憂鬱程度愈高；獨生子女或老么比較憂鬱；獨居、社會支持系統不佳者，憂鬱比例更高。

憂鬱症患者會把許多小問題看得很嚴重，覺得沒有未來，無力感會讓他們想要放棄。他們會為了很小的事情甚至沒有任何原因而哭泣。有時候他們會遠離人群和活動，但是這只是讓他們更孤單和隔離，加重憂鬱症狀。

憂鬱症有時像感冒一樣，不經治療，時間久了也會好，可是又會重新再得到。平均一個憂鬱期約6至13個月，若是不經治療，患者在這段時期會非常難過，甚至想不開。50%的患者一生僅發作一次，其餘50%會有第2次（或2次以上）的發作。

憂鬱症是由多重因素所導致，可能因素包括：

1. 生物學：腦內神經傳導物質減少、內分泌不平衡、身心疾病大腦構造的病變等。
2. 基因遺傳。
3. 心理社會：生活壓力、孩提失親、中年喪偶、突發的天災、人禍、重病纏身等。

憂鬱症雖然和重大創傷、壓力有關，但有時卻會莫名的憂鬱起來。患有重大慢性疾病者，得病的機率也高。

寶貝自己

● 適度減壓；記住：適度的壓力會比沒有壓力或壓力過度，讓身心更健康。

轉移情緒，遠離憂鬱

診斷憂鬱症的標準9症狀

若有下列症狀4個以上，且持續超過2星期時，就要小心：

1. 憂鬱情緒：快樂不起來、煩躁、鬱悶。
2. 興趣與喜樂減少：提不起興趣。
3. 體重下降（或增加）、食慾下降（或增加）。
4. 失眠（或嗜睡）：難入睡或整天想睡。
5. 精神運動性遲滯（或激動）：思考動作變緩慢。
6. 疲累失去活力：整天想躺床、體力變差。
7. 無價值感或罪惡感：覺得活著沒意思、自責難過，都是負面的想法。
8. 無法專注、無法決斷：腦筋變鈍、矛盾猶豫、無法專心。
9. 反覆想到死亡，甚至有自殺意念、企圖或計畫。

＊資料來源：臺灣憂鬱症防治協會http://www.depression.org.tw/

● 接受自己的極限，不承擔無法完成的任務，了解世上沒有完美的人生。一次只做一件事，不疾不徐，養成習慣把目標和任務做段落式切割，緩解壓力。

● 每天做30分鐘的有氧運動，可增加血清素，不但舒展筋骨，也可以減少憂鬱情緒。

● 充足的睡眠，若腦部與身體得到充分的休息，憂鬱情緒就比較不會再犯。

● 維持正常而穩定的體重，不要過度減肥，更不要暴瘦或暴肥。

● 多多接近大自然，多曬太陽，多接近人群；並養成運動和流汗的習慣，運動雖可預防憂鬱症，但請不要過度或勉強。

● 借助音樂、宗教、電影、旅遊或其他有興趣的東西，幫助自己轉移情緒。

飲食調理

在感覺憂鬱期間，均衡且營養的飲食尤其是碳水化合物如：穀物饅頭、雜糧麵包……是必須且非常重要的。

- 多吃含維生素B群的食物，如糙米、燕麥、肝臟、牡蠣、鮪魚、綠色蔬菜、香蕉等。尤其是含有較高濃度的B_6、B_{12}、葉酸，對緩和憂鬱很有幫助。

- 多吃含維生素C的食物，例如番茄、花椰菜、高麗菜、青椒、胡蘿蔔、南瓜、菠菜、萵苣、蘆筍、苜蓿芽、豆苗、柑橘、葡萄柚、藍莓、芭樂、奇異果等，將有助於抗沮喪、改善疲勞。

- 多吃高纖的食物攝取蛋白質，例如蛋、牛奶、肉類、魚類、黃豆、火雞肉等。

- 少吃含「酪胺酸」的食物，如起司、花生醬、香腸、醬油、火腿、臘肉等。除容易招致頭痛外，若與單胺類氧化酵素抑制劑（MAOI）的抗憂鬱藥併用會引發高血壓。

- 補充維生素E：若缺乏會躁動不安、缺少元氣。也可補充一些魚油，它含有豐富的Omega-3，有利於神經傳導，對提升情緒也有效果。

樂活保健

紓解精神壓力是芳香照護的強項，想將憂鬱情緒轉化，我最常推薦的有：安息香、甜馬鬱蘭、雪松、快樂鼠尾草、玫瑰天竺葵、乳香、佛手柑，以及花香類精油，如橙花、阿拉伯茉莉、大馬士革玫瑰、洋甘菊、薰衣草、依蘭依蘭……等等，依個人對香味的喜好，從中挑選2、3種單方精油。無論是全身按摩、芳

你也可以這樣做

- 考試成績不盡理想或業績未達目標、情緒低落時，可使用安息香、薰衣草製作芳香噴劑，提振情緒。

- 與其獨自悶在家中胡思亂想，不如用1滴晚香玉精油擦在雙手脈搏或頸間，然後出門走走，也許可以結交新朋友。

- 經常感到憂鬱時，用永久花精油泡澡，藉由陽光的力量把沉溺的情緒向上提升。

香浴……等可以更寵愛自己，全身釋放。另外，為自己調配香膏、個人化香水……等芳香小物，隨身攜帶，方便使用。可以掃除情緒烏雲，給自己一個晴天。

溫馨推薦 1 冷敷	配方	喀什米爾薰衣草+薄荷各取3-4滴
	用法	上述精油加入約一臉盆冷水中後，將毛巾浸泡3至5分鐘後取出，稍稍擰乾放置於前額或太陽穴等處；可重複多次，儘量讓毛巾溫度較體溫為低。
	效用	紓解壓力，減少煩躁、去除焦慮感。

溫馨推薦 2 按摩 泡澡、吸聞	配方	薰衣草4滴+佛手柑4滴+安息香4滴+小蘇打粉2大匙（30克）
	用法	1.將上述精油加入小蘇打粉溶解後，倒入裝有溫水（約37℃至39℃）的浴缸中，藉由泡澡和舒適的水溫來攝取香氛分子。 2.將上述精油倒入薰香燈、負離子擴香器、超音波水氧機等薰香工具，以嗅吸方式來感受香氣。另外全身按摩，也可紓壓解鬱。
	效用	能完全舒展身心、提振元氣；轉移情緒，撫慰心靈。

溫馨推薦 3 塗抹	配方	橙花1滴+茉莉1滴+玫瑰1滴+香膏基劑10g
	用法	取香膏基劑隔水加熱，待稍微回溫後再加入橙花、茉莉、玫瑰精油各1滴。可隨身攜帶，隨時塗抹於胸前、手腕內側手掌心及太陽穴……等。
	效用	能提升自信、拋開沮喪。

安心Tips

● 發現自己有輕生念頭時，要趕緊向家人、師長、醫師或社福單位求助。

第七篇

魅力十足

你可以再靠近一點！

　　人們常說：「現代人要活得有個性，要有自己的味道。」但是最不需要的就是汗味、體味等各種異味。聞香而來是人類的本能，但只要一嗅到臭味便會退避三舍，當我們自己有感覺發出不好的氣味或疑心是不是有體味時，就會成為一股揮之不去、龐大的精神壓力。

　　我們的身體之所以發出臭味，除了可能是體質大汗腺較發達、衛生習慣不良或罹患某些慢性疾病如腸胃潰瘍、糖尿病外，也有可能是日常生活中一些意想不到的因素所造成，如：吃下大量味道濃烈的食物、穿鞋不穿襪等，應快趕快找到原因，去除臭味，如此不但可確保健康，也才不會因此造成心理負擔，甚或影響社交生活。

　　保持身體的清新也是一種社交的禮貌，許多的芳香精油都具有抗菌、淡化體味、清新、抗炎的作用，藉由皮膚的接觸很容易讓身體吸收，加上芳香精油本身天然的宜人香味，最適合用來改善皮膚、內分泌失調所引起的像是頭皮屑、口臭、體臭、腳臭等各種異味問題，讓你與人互動更有信心，每一天都是充滿Fresh的一天！

清新體味，提升好人緣

頭皮屑——
白雪紛飛真尷尬

我認識珊珊這十幾年來，她始終維持一頭短髮，這幾乎成了她唯一的造型。我還以為她個性俐落，不喜歡長髮拖泥帶水，直到前一陣子才曉得真正的原因。

珊珊讀國中起就常熬夜念書，後來發現只要輕搔頭皮就會飄落陣陣「雪花」，令她非常困擾。為改善這情形，她請母親買最有名氣的去頭皮屑洗髮乳，天天勤於使用，然而還是無效。上大學後，她曾想要留長髮，但頭皮屑問題令她卻步，而且幾乎不穿正黑、深藍、墨綠等較深顏色的衣服，就怕自己的頭皮屑被發現。

我觀察了她的頭皮，又詢問她的洗頭習慣，發現她雖天天洗頭，頭皮卻依然油膩，問題可能出在洗頭的水溫過熱，對頭皮刺激太大。我建議她降低水溫，並調了一瓶頭皮噴霧劑送給她，教她如何使用。大約一年後再見面時，她已是及肩的新造型，我們倆相見的那一刻，雀躍得抱在一起又笑又叫。

當老化的角質和皮脂、汗腺的分泌物，以及空氣中的污垢堆積在頭皮，若未適度清潔，便會阻塞毛孔，表皮產生的代謝物便形成了頭皮屑。頭皮屑若太多，會影響外在形象的整潔感，有些人會因此而降低自信心。

瞄準保健

頭皮屑有呈雪花薄片狀的乾性頭皮屑，還有呈粒狀、有異味的油性頭皮屑兩種。

頭皮屑生成時，常伴隨著頭皮發癢，主要是因頭皮油脂分泌過多，皮屑芽孢菌大量增生，或是受到氣候變化、熬夜、壓力太大、過度染燙髮或劣質護髮品等，對頭皮造成刺激所致。

每逢季節交替，尤其是秋末冬初，頭皮屑的增加尤其明顯，這是因為空氣濕度過低致使頭皮角質乾燥，老化的細胞大量脫落。許多年輕人因壓力過大、長期熬夜、情緒緊繃或抑鬱，也會使頭皮屑掉落的問題加劇。

寶貝自己

- 溫柔呵護頭皮，洗髮前按摩頭皮至少10秒鐘，洗髮時不要以指尖用力搔抓，而是以指腹按摩頭皮。

- 清理頭皮屑時，以寬齒梳輕輕順毛梳理，不要用尖銳的針梳反覆刮頭皮。梳整頭髮時，養成習慣從髮根順向梳到髮尾，以促進頭皮細胞的新陳代謝。

- 維持睡眠充足和飲食均衡。熬夜會使腎上腺素分泌過量，進而刺激皮脂腺分泌，因此每晚12點前務必就寢，減少因壓力或熬夜引起的頭皮屑困擾。

- 保持規律生活和舒暢的心情，飲食上應儘量清淡，並多吃鹼性食物，如海帶、紫菜。常食用鮮奶、豆類、水果等。

- 適度運動，讓頭皮也能出汗，因而代謝體內毒素，然後充分清潔，有助於維持頭皮健康。

- 外來不當的刺激也可能增加頭皮屑，要注意避免用過熱的水洗頭，也不要使用品質不佳的護髮用品。

- 每週使用1至2次的抗屑洗髮精，且當頭皮屑減少時即恢復使用一般的洗髮精。

抗屑洗髮精的成分和功用

認識市面上抗屑洗髮精的成分和功用——

1. Zinc Pyrithione（ZP）：抑菌。
2. Selenium Sulphide（二硫化硒）：抗頭皮屑。
3. Salicylic Acid（水楊酸）：軟化並去除角質堆積，清爽頭皮。
4. Ketonazole（克多可那挫）：抑制皮屑芽孢菌引起之油性頭皮屑。

飲食調理

● 多補充維生素B群，可改善皮脂分泌失衡，維持頭皮健康。富含維生素B群（尤其是B_6）的食物包括香蕉、蜂蜜、菠菜、甘藍菜、魚、蛋、全麥麵包、糙米茶等。

● 多吃含有植物性蛋白質的食物，如豆類、米、麥、堅果等。

● 多吃含鋅的食物，可平衡油脂分泌、保護頭皮，例如小麥胚芽、南瓜子、葵瓜子、黑芝麻、牡蠣、牛肉等。

● 大量攝取蔬菜、水果和充足的水。

● 避免含咖啡因、過多糖分、油炸與辛辣刺激的食物。

● 多補充維生素A / E，可修護頭皮細胞，改善乾性頭皮屑。

● 多補充膠原蛋白，可有效鎖住水分，頭皮細胞有適度保濕能力，讓頭皮水份與油脂平衡。

樂活保健

使用芳香茶飲，可以平緩情緒，也能緩解壓力引起的頭皮削屑困擾。運用芳香照護，能紓緩因壓力所引起頭皮屑過多的現象，並可藉由頭皮按摩促進微循環。我經常推薦快樂鼠尾草、大西洋雪松、桉油醇迷迭香、薰衣草、茶樹等精油給為頭皮屑所煩惱的朋友。

溫馨推薦 1 洗髮		配方	迷迭香10滴+大西洋雪松10滴+快樂鼠尾草10滴
	用法	將上述精油調合為複方精油，每次洗髮時，滴1-2滴於掌心，與無香精洗髮精混合後使用。洗髮時多按摩頭皮，確實清潔髮根後，沖洗乾淨即可。
	效用	溫和清潔，同時修護頭皮，減少頭皮屑困擾。

避免使用劣質洗髮精或冷燙劑、染髮劑等，以免過度刺激頭皮。

配方	大西洋雪松＋檸檬香茅＋茶樹，上述精油各取10滴，調為複方精油。
用法	需要時，與穀物酒精1：1混勻，加入純水調製成2%的頭皮噴霧劑，洗髮前、洗髮後都可噴在頭皮按摩。
效用	平衡油脂分泌、清爽控油；收斂和抗菌，改善頭皮油膩，保持頭皮清新。

溫馨推薦 2 頭皮清新液

成分	洋甘菊 2小匙、茉莉 1小匙、薄荷1小匙、綠茶包 1個
作法	1. 所有材料以冷開水略微沖洗乾淨。 2. 將洗好的材料放入耐熱杯中，沖入300~400cc熱開水燜泡3~6分鐘取出茶包即可飲用。
效用	紓壓解鬱，緩解因壓力所引起的頭皮屑困擾。

溫馨推薦 3 洋甘菊茉莉茶

配方	檸檬2滴＋薄荷2滴＋快樂鼠尾草2滴＋荷荷葩油10ml
用法	將上述配方調勻後，隔水加熱溫熱之，於睡前按摩頭皮，第二天早上起床後再予以洗淨。一週1~2次，是有效的芳香護髮熱油（Hot-oil），兼具頭皮及秀髮的呵護。
效用	增進頭皮微循環，使秀髮展現光澤、亮麗。

溫馨推薦 4 頭皮按摩油

安心Tips

● 若為脂漏性頭皮者，頭皮屑問題無法靠抗屑洗髮精解決，應儘早請皮膚科醫師診治，以免釀成脫髮問題。

你也可以這樣做

● 經常戴安全帽，騎著機車在都市裡穿梭，又苦惱頭皮屑、頭皮癢的朋友，可在洗髮精裡滴入2滴茶樹精油或薄荷精油，幫助頭皮清爽乾淨。

● 發現青春期孩子的肩膀上常有頭皮屑，可在洗淨頭髮後準備一盆溫水，滴入1滴薰衣草精油，多次沖洗頭皮，像潤絲精一般，幫他輕輕按摩，如此可使頭皮清爽，並紓解壓力。

● 冬季頭皮屑增加，洗頭前可用1至2滴甜橙精油調勻杏仁油按摩頭皮5分鐘，然後再以溫水沖洗。

口臭——
讓人「聞」之色變的壞口氣

「清新好口氣，關係更親密！」這是一句廣告詞，也是真理。

人和人之間，不可能不近距離交談；情侶、夫妻或家人之間，縱使感情再好，也會對異味不自在。

我常看到有些朋友在與人交談時，用手搗著嘴，或是刻意保持距離，這時幾乎可以斷定，他被自己的「口氣」問題深深困擾著。在演講中，我多次被詢問到「怎樣可以消除口臭」，足見這問題還真是普羅大眾的煩惱。

使用某些精油，的確可以達到消除口腔異味的效果，不過，建議還是找出產生異味的原因，才是治本之道。

瞄準保健

引起口臭的原因相當多，約有90%是來自口腔的因素，例如：口腔衛生不好、吃味道太重的食物、牙菌斑沉積、很深的齲齒、牙縫塞有食物、齒齦炎、牙周病等，還有菸酒過度、使用抗組織胺或某些精神科藥物的人，也容易因唾液分泌減少而成為「口臭一族」。少數可能是全身性因素，例如糖尿病患者、嚴重肝、腎器官性疾病、慢性鼻竇炎患者等。

許多人早上起床有口臭，是因為睡眠時唾液分泌較少，口腔內脫落的上皮組織的細胞代謝物及殘存的食物在經細菌分解後，產生不好的味道。

寶貝自己

● 建立良好的口腔衛生習慣，每天早晚徹底潔牙，飯後立即刷牙，同時使用牙線或牙間刷幫忙清潔牙齒。

- 根據研究，清潔舌頭、去除舌苔來消去除口臭的效果是刷牙的2倍，所以每次刷牙時可利用牙刷或舌刮輕輕刷掉舌後根的黏液。

- 定期看牙醫。對於頑固性口臭，則可考慮使用1週的抗生素，消滅口腔中的厭氧菌，一般會有不錯的效果。

- 當使用上述方法都無法改善口臭時，應找醫師檢查是否有口腔疾病、鼻竇炎、胃食道逆流疾病、肝腎疾病或糖尿病……等等症狀。

飲食調理

- 多吃清淡、涼性、清熱的食物，像是蔬菜、水果，並多喝水或花草茶飲。

- 多吃含維生素B群的食物，例如全麥麵包、糙米、包心菜、南瓜、萵苣、番茄、海帶、紅蘿蔔、蓮藕等。特別是B_3、B_6，缺乏時容易口臭。

- 多補充維生素C，以促進組織生長及修補、消除牙齦腫脹。含量豐富的食物有如番茄、花椰菜、高麗菜、青椒、胡蘿蔔、南瓜、菠菜、萵苣、蘆筍、苜蓿芽、豆苗、柑橘、葡萄柚、藍莓、芭樂、奇異果等。

- 多吃可以降火氣的食物，例如冬瓜、苦瓜、絲瓜、西瓜、椰子、綠豆湯、薏仁湯、菊花茶、小麥草汁、冰糖銀耳。

- 少喝咖啡、酒或含糖飲料，可多喝綠茶或紅茶。

- 少吃加工食品、甜食，睡前尤其應避免。

- 避免食用大蒜、洋蔥、韭菜等味道較重或是熱性、油膩、不易消化的食物，像是補藥、煎炸類食物等。

樂活保健

消除口臭，最常使用的精油包括茶樹、檸檬尤加利、薄荷、檸檬等，使用方法以漱口為主，也可製作口腔噴霧劑搭配使用。

溫馨推薦 1 漱口

配方	茶樹5滴+檸檬5滴+冷開水500cc
用法	將上述精油加入冷開水中，於三餐飯後刷牙後漱口。
效用	能有效緩解口腔因進食後所傳出的不佳氣味，使口氣清新。

溫馨推薦 2 口腔噴霧劑

配方	茶樹6滴+檸檬尤加利6滴+沒藥6滴+蘋果醋1大匙+純水20ml
用法	將上述精油與蘋果醋調勻，加入純水稀釋，呈霧狀溶液，就是調製成功的均勻液，隨身攜帶，隨時可用。
效用	可立即消除口腔發出的各種異味，淨化口腔，保持潔淨衛生和口腔健康。

溫馨推薦 3 塗抹

配方	洋甘菊4滴+薄荷3滴+薰衣草3滴+無香精乳霜10公克
用法	將上述精油加入無香精乳霜中，用來塗抹臉頰，一天3~5次使用
效用	可紓緩解因牙齦發炎所引起的疼痛及口氣不佳。

注意！牙齦發炎應就醫治療。

芳香漱口，口氣清新

自我檢測口臭

有口臭的人通常不會聞到自己的口臭，因為口腔吐氣多為水平吐出，而鼻子吸氣為垂直吸入，除非口臭很嚴重，否則吸到自己口腔排出口臭氣體的機率不大。

診斷口臭最簡單的方法是：

　　1.將鼻子捏住，用嘴呼氣，如有臭味，表示臭味來自口腔／消化道。

　　2.緊閉嘴唇，用力由鼻子呼氣，若聞到臭味，表示臭味來自鼻腔／呼吸道。

當然，也有可能兩者均有問題喔！

 安心Tips

口臭可視為身體健康的徵兆，如果確切做好口腔清潔，還是難以根絕口臭時，有必要就醫檢查，了解發生異味的原因。

你也可以這樣做

● 經常火氣大的人，早晨起床特別容易口臭，可在刷牙後以檸檬或薄荷精油1滴加水漱口，來維持口氣清新。

● 將桑白皮12克加水500cc用大火煮開之後，轉小火煮20分鐘，加入薄荷5克、和乾菊花10克，再煮約5分鐘，濾渣取汁。以1比1的方式加水稀釋後，在每次刷牙後或飯後漱口，可有效去除口中異味、緩和口臭。

體臭──
揮之不去的體味

　　保持神清氣爽的體味，是人與人之間良好互動的基本禮儀，我的色彩學啟蒙老師 波多黎各籍的奧麗薇老師就非常重視個人體味。她覺得，體味是每個人的「ID」─也就是個人的身分表徵。

　　因工作關係，奧麗薇老師一年有三分之二的時間在國外旅行巡迴洽公，足跡遍及亞洲各國，著力於專業技術授課及定期督導業務。她的行囊中必備體香劑，還特別選「無香精」的體香劑，她覺得早、晚洗澡後，體香劑的滾球在腋下來回滾動，再噴上屬於自己的花香調與果香調製成的香膏，神清氣爽外，也怡然自得。

瞄準保健

　　每個人身上或多或少都有體味，還有汗水和體內皮脂腺分泌後混合所產生的汗味。至於狐臭，則是因某些人腋下的頂漿腺分泌較為旺盛、分泌量較多，分泌物受到皮膚表面細胞的分解作用下，就產生脂肪酸的代謝產物而有了令人不舒服的體味。加上腺體受到荷爾蒙影響，分泌活躍若又加上多汗，就會造成體味特別重。

　　當運動或工作壓力大時，身體增加排汗量，藉以應付壓力、調節體溫，汗水本身並無臭味，但是當汗水混合皮膚表面的細菌，造成細菌呈倍數滋長，腋下、鼠蹊部、大腿、肛門、乳房下面、腰部、腳趾間等處，都很容易發出臭味。

　　必須養成良好的清潔習慣、注意飲食、情緒管理，因為體味重和常吃油膩、速食、口味重、生活起居失衡等因素有關。

寶貝自己

- 每天洗澡，甚至在外出前再洗一次。夏季出門前可擦無香精的制汗劑。

- 儘量穿著寬鬆衣物，材質以棉、麻為佳。少穿緊身衣，尤其腋下、胯下、背部不宜緊繃。

- 注意飲食，戒除菸、酒，少吃辛辣類、刺激性食物。

改善體味，拉近人際關係

- 轉換心情。長期處於緊張、焦慮的情緒，容易造成荷爾蒙分泌失衡而加重體味。

- 選擇適用的爽身用品，例如制汗劑、體香劑、爽身香水等。隨身攜帶無香精的濕紙巾，流汗便至洗手間擦拭。

- 若是容易體臭的體質，建議定期刮除腋毛，較不會藏污納垢、滋生細菌。清除方法除了傳統的刮刀、夾子，還可使用還有蜜蠟成分的除毛貼。

- 如果是令人難以忍受的狐臭，甚至會影響社交生活時，醫療上已有多種方式可以處理，例如電燒、神經節阻斷、旋轉刀刮除等，請諮詢專業醫師。

飲食調理

- 多補充膳食纖維，可平衡皮脂分泌，而高纖食物有山藥、糙米、燕麥、蒟蒻等。

- 多喝水、多吃新鮮蔬菜及水果，食物宜清淡。

- 多吃可消脂的食物，例如蘋果、葡萄、番茄、香菇、冬瓜、胡蘿蔔、海帶、燕麥、玉米、綠茶等。

- 避免脂肪過多、氣味強烈的食物，如咖哩、茴香、海鮮、咖啡、洋蔥、大蒜等，會經由毛細孔排汗時滲出、形成體味。
- 少吃肉類、海鮮及高油脂的食物，例如炸雞、甜甜圈、薯條等。

樂活保健

精油的芳香是克服體臭的最佳選擇，除了掩飾身懷異味的尷尬，還能掃除自卑，重建信心。我經常推薦大西洋雪松、檀香、檸檬香茅和茶樹精油給男性朋友；至於女性朋友則可考慮真正薰衣草、廣藿香、佛手柑、苦橙葉等精油，塑造屬於自己的香氛氣味。

溫馨推薦 1 塗抹	配方	佛手柑+絲柏+薄荷各20滴
	用法	將上述精油調和後製作成體香膏，並依個人使用習慣酌量塗抹於胸口、腋下、手腕內側或耳後等任何部位。
	體香膏製法	1. 秤取蜜蠟20公克。 2. 將蜜蠟放入內鍋中，隔水加熱至融化。 3. 緩緩加入乳油木果脂和可可脂各5公克。 4. 再加入甜杏仁油或紫草浸泡油70公克，持續攪拌。 5. 滴入上述精油。 6. 倒入盒中待其凝固，並貼上日期標籤。
	效用	藉由體溫接觸，散發怡人芳香，改善體味，清新宜人。

溫馨推薦 2 噴霧	配方	檸檬＋尤加利+薰衣草+檸檬香茅各10滴
	用法	將上述精油調和後製作成50cc噴霧劑，使用方便，適量噴一噴腋下和掌心，任何時間、場合，都可以使用。
	效用	可快速除去腋下氣味，散發淡淡清香。

清新噴霧，芳香舒爽

溫馨推薦 3 塗抹	配方	絲柏6滴＋茶樹6滴＋薰衣草6滴＋無香精乳液30公克
	用法	調勻後，用來塗抹在下腹部或內褲褲角邊緣。
	效用	消除異味，特別是女性在某些日子裡體味較重時，有很好的改善效果。

溫馨推薦 4 芳香浴	配方	1.適合男性：佛手柑＋大西洋雪松，上述精油各4~5滴
		2.適合女性：玫瑰天竺葵＋絲柏＋薰衣草，上述精油各3滴
	用法	芳香浴。
	效用	迅速去除體味，並使身心清新舒暢。

安心Tips

● 有些身體異味可能是疾病的現象，例如先天性疾病苯酮尿症患者，常帶著霉臭味，而楓糖尿症患者帶有楓樹糖漿的甜味等，尤其糖尿病患高血糖無法控制、引起酮酸中毒時，會出現丙酮特有的氣味，散發類似爛水果的味道，一定要快速就醫，否則可能有生命危險。

你也可以這樣做

● 若和友人相約運動，可事先準備不添加香精的濕紙巾，滴入2至3滴絲柏，放入夾鏈袋中密封，等運動結束後到洗手間，用它擦拭腋下和流汗較多的部位。

● 夏天多汗、體味特重的人，不妨用檸檬或佛手柑加入浴盆泡澡，或以濕毛巾擦拭腋下、頸部、膝窩等部位，消臭又清爽。

腳臭——
脫不了鞋的腳丫，真囧！

　　我和以前的同事感情很好，多年來雖然大家各奔東西，在不同領域、不同公司服務，但只要有人登高一呼，就能邀集「大批人馬」一起聚餐。

　　阿忠現在是一家小藥廠的高階經理，曾是我部屬的他雖然大我3歲，但還是很客氣地稱我呂姐，而且堅持要我繼續喊他阿忠。阿忠曾告訴我，他應酬時最怕去日本料理店，因為很多店得脫鞋子，令他很尷尬。

　　我問他，是香港腳困擾嗎？他說不是，但從小就會流腳汗，鞋子穿久悶著，味道連自己都不敢恭維。他曾感傷地說：「全世界唯一不嫌我腳臭的，大概只有我過世的母親了。我小時候，她每星期都幫我刷布鞋，上大學後住校，打電話回家她還會叮嚀我要洗鞋子……」

　　阿忠早已脫離穿布鞋的歲月，他的慈母也不在人世，但腳臭繼續困擾著他。阿忠嫂戲稱他是個脫不了鞋的男人，所以絕對不會外遇。

　　我告訴他，也許茶樹和檸檬香茅精油可以幫上他的忙，他聽了連忙打聽怎麼用。沒多久，阿忠和阿忠嫂請我去吃懷石料理，而且選了要脫鞋的包廂喔！

瞄準保健

　　腳臭是因為腳部長時間處在過於潮濕的環境下，造成腐生菌在腳底表皮上過厚的老舊角質大量孳生，這些細菌會分解皮膚的角質蛋白等，製造出一些有異味的代謝物質，因此產生了令人難以忍受的氣味。

　　許多人誤以為腳臭是因為個人衛生習慣不好，事實上臭腳丫與體質息息相關！天生汗腺比較發達、容易流汗的人，因為腳掌部位的汗腺分布較身上其他地方都要來得多，再加上穿了鞋襪的緣故，因此容易發生腳臭。

　　患有香港腳的人，因為足部排汗量較大，形成潮濕的環境導致黴菌孳生、感染，也容易造成腳臭。

寶貝自己

● 腳汗過多的人，可使用體香劑、止汗劑，並且經常洗滌雙腳和更換鞋襪來改善。

● 避免長時間穿著悶熱不透氣的鞋子或已經濕掉的鞋襪，請讓雙腳在穿上鞋襪時總是保持乾爽。

● 只穿鞋不穿襪，更會引發腳臭！鞋子若不透氣，很容易悶住濕氣，若再不穿襪子，將無法吸收腳部產生的汗水而造成腳臭。選擇透氣、吸濕排汗功能較佳的棉襪，平常多帶一、兩雙棉襪更換，或者可穿五指襪。

● 每次洗腳時，可拿刷毛較軟的牙刷清洗腳趾縫隙之間，此處最容易藏污納垢。洗完後務必將腳擦乾，確實做好足部清潔，才有可能完全去除腳臭。

● 每週做一次去角質，先讓雙腳浸泡在溫水裡20分鐘，讓角質變軟，再用浮石或海鹽調製的去角質製品去除角質層；其作用原理為適度軟化角質、讓角質變薄，使細菌失去營養來源而不再滋生。

● 選擇通風、透氣、合腳的鞋子，不要每天穿同一雙鞋。若長期穿著不適當的鞋子、走路著力不平均，導致腳底為了自我保護，也會增生角質而容易滋生細菌。

- 去游泳或泡溫泉時，請記得穿上自己的拖鞋。當腳趾或腳底皮膚發癢或長水泡時，不要用手去搔抓。如果懷疑自己得了香港腳，建議您找醫師診療。

- 在消除腳臭的同時，別忘了去除鞋臭，可在鞋子裡撒上痱子粉、滑石粉吸濕，或自製鞋香噴霧劑，並定期清掃、除濕，保持鞋櫃乾爽。

飲食調理

- 可多吃櫻桃、奇異果、葡萄柚、檸檬等水果，補充維生素C以提升免疫力，減少感染。

- 補充微量礦物質，如鋅、硒……等元素以調節汗腺分泌，使足部乾爽。

樂活保

包括茶樹、檸檬香茅、檸檬尤加利、玫瑰、天竺葵、薰衣草等精油，都適合用來處理腳臭的問題。

溫馨推薦 1 足浴	配方	茶樹2滴+檸檬香茅8滴+快樂鼠尾草2滴+小蘇打粉2大匙（約30公克）
	用法	將上述精油滴入小蘇打粉中，攪拌均勻，再倒入熱水中。雙腳清洗過後放入熱水中浸泡，約20分鐘後擦乾即可。每週2至3次，約1星期就可明顯改善。
	效用	不但有效去除異味，還有除菌效果。

配方	玫瑰天竺葵4滴+檸檬香茅4滴+小蘇打粉2大匙（約30公克）+氧化鋅1小匙（約5公克）
用法	將上述精油慢慢滴入粉中，同時緩緩攪拌。攪拌均勻後，可以過篩再放入玻璃瓶中保存，每次使用時取出適量塗抹於雙腳，加強在趾縫間隙塗抹。
效用	去除腳臭，同時輕拍並保養雙腳腳趾。

也可用來製作芳香鞋塞：取適量粉末裝入棉布袋內，可當做鞋栓型鞋塞，放入鞋子中有乾燥效果，同時抗菌除臭。

安心Tips

● 當腳部水泡破裂或出現紅腫時，請不要再做足浴，以免感染，建議儘快就醫。

鞋栓可吸潮除異味

你也可以這樣做

● 腳部出現水泡，疑似黴菌感染時，可用薰衣草或絲柏加溫水泡腳，嚴重時可再添加茶樹或佛手柑精油。

● 輕微香港腳時，可用檸檬尤加利加茶樹精油泡腳，減輕搔癢的感覺。

第八篇

家有一老 如有一寶

疼惜長輩，「芳香」有情！

台灣地區自民國82年即已邁入高齡化社會，老人的健康安養已是每個家庭必然面臨的重大課題。為人子女者除了每天的噓寒問暖之外，應給予更多的關心和實質的照護。

隨著年齡的增加，年長者身體各系統機能也跟著普遍地退化，生理上的不適加上行動的不便，與社會的互動逐漸減少；伴隨著認知力下降、視力不佳、記憶力退化及溝通不易等，生活不免感到孤單、寂寞、憂鬱與無力感，我們除了提供妥善的醫療照顧及長期而穩固的精神支持外，可能更需要注意他們身心狀態的健康和心理層面的調適。

芳香護理在歐美國家早已運用在居家護理和輔助醫療體系當中，應用在銀髮族的照護上，不但能達到消除壓力、穩定情緒、幫助睡眠外，更能相當程度地紓緩各種慢性疾病症狀，甚至產生好轉反應，帶給長者們更好的生活品質，幫助他們發揮自然免疫力，延緩老化程度，不僅活得健康、活得久，還能活得好、活得有尊嚴！

高血壓——
中風發病前常有的毛病

高血壓有「隱形殺手」之稱，主要是因為高血壓的症狀有時並不明顯。我的朋友阿章就身歷其痛，造成終身遺憾。

阿章很年輕就棄醫從商，當年拋棄高薪高地位的醫師工作，岳父岳母簡直翻臉！可是阿章的太太很賢慧，支持他從事醫療器材貿易，三天兩頭當空中飛人，而阿章果然不負期望，事業相當成功。

忙碌的工作和應酬使阿章的身材逐漸「中廣」，但他仗著驚人的意志力，以及年輕時擔任橄欖球校隊的體力優勢，根本不把過重的壓力和工作量當一回事。五十歲不到，他被發現高血壓，但他總安慰阿章嫂：「妳老公曾經是醫生，比誰都了解自己的身體。誰熬夜喝酒，血壓會不高？況且不過高一點點，安啦！」

與阿章嫂約定六十歲即將退休之際，有一回阿章連續赴外國出差，在時差紊亂，又得了流行性感冒之際，竟然還飲酒，回飯店後，突發腦溢血而昏迷。更不幸的是，當時沒有任何人在他身邊，錯失了送醫搶救的機會……。

阿章的不幸，從他選擇以休息去換取工作和應酬時，就已經開始了；更不該的是，他選擇忽略高血壓這項身體警訊，所以註定悲劇無法回頭，令所有親友空留遺憾。

瞄準保健

高血壓是指收縮壓高於或等於140 mmHg，舒張壓高於或等於90mmHg。

高血壓的致病原因不明，有95%可能因遺傳體質所致，或由環境因素（熱量攝取過多、鈉離子攝取過多、飲酒過量、抽菸、缺乏運動、心理社會因素）等所引發，稱之為「原發性高血壓」。另一

類像是因藥物、主動脈縮窄、懷孕、內分泌異常、腎臟疾病等，可以去除病因後回復正常的稱為「續發性高血壓」。

血壓會隨著年齡而升高，30歲之後就會逐漸上升，國內65歲以上的人高血壓盛行率達56.6%，幾乎每2人就有1人。

一般常見症狀包括頭暈、頭痛、耳鳴、眼花、失眠、心悸、疲倦、肩膀痠痛、無精打采等。持續性的高血壓必須要治療，因為長期血壓偏高會發生嚴重的併發症，造成腦、眼、心、腎等器官的損害，輕者半身不遂、器官功能喪失，重者危害性命，不可不注意。

寶貝自己

控制血壓的最好方法就是調整生活型態。平時只要適當運動，保持理想體重，多吃蔬菜水果，注意飲食，減少鹽份和動物性脂肪的攝取，便可達到控制血壓的目的，不但能降低血壓，也可以預防高血壓。

● 發現高血壓不可憑感覺，而是要確實量血壓。不要以為血壓到140/90mmHg才需要控制；醫界發現，血壓值從115/75mmHg開始，每增加20/10mmHg，將來發生心血管疾病的危險就增加1倍。因此只要血壓在120/80mmHg以上時就要注意。

● 許多高血壓患者根本不知道本身患有高血壓，因為其症狀因人而異；有些人血壓飆到160mmHg完全沒有感覺，有些人卻140/90mmHg就會出現頭脹、肩頸緊繃，因此千萬不要以是否有出現症狀或不適感來做判斷。

● 外食族三餐老是在外，食物大都偏油且調味料多，容易導致自己成為高血壓的族群，此外若是家族中有人得過高血壓或心血管疾病，或個人有抽菸習慣、體重過重、膽固醇過高及愛喝酒，愛吃重口味食物的人，都很容易罹患高血壓。即使現在血壓正常，也應提高警覺。

● 高血壓患者應避免抽菸和飲酒。因為香菸會刺激交感神經，使血管收縮、血壓上升；酒精容易加速血流量，促使血壓升高。

- 肥胖也是造成高血壓的原因之一。研究證實，肥胖者只要每減重10公斤，可降收縮壓5至20mmHg。要健康減重，不外乎一方面運動，一方配合低脂低鈉的清淡飲食。

- 需長期吃藥的患者切忌擅自停藥，應遵照醫師指示按時服藥。大部分降壓藥劑都有副作用，不過每個人適應性及反應都不一樣，若有服藥血壓不降或因副作用而不舒服時，應立即向醫師反映。

飲食調理

飲食上應把握「少鹽少油」的原則，飲食內容應富含蔬菜、水果及低脂食物，並增加乳品與堅果類；同時避免食用油炸或製作精美的西點等含反式脂肪酸及高膽固醇的食品。只要將食物中脂肪總量減少，對於降低血壓即有顯著效果。

- 維生素B群包括B_2、B_6、B_{12}可預防高血壓。多吃含維生素B群的食物，例如全麥麵包、糙米、包心菜、南瓜、萵苣、番茄、海帶、紅蘿蔔、蓮藕等。

- 大量攝入高纖維飲食可降低血壓，這是因為食物纖維能促進膽固醇代謝，減少膽固醇吸收，從而有利於血壓的降低。可多食用穀類，如糙米、蕎麥、小米和燕麥等。

- 鉀可以平衡體內的鈉及多餘的水分，含量豐富的食物有海帶、菠菜、大豆、蠶豆、綠豆、毛豆、香菇、竹筍、杏仁、蘋果、香蕉、核桃等。

- 鈣可以避免血管收縮，使血流順暢不可或缺的營養素，含量豐富的食物有黑芝麻、小魚乾、海帶芽、木耳、蓮子、葵瓜子、蝦米、杏仁、吻仔魚、芥蘭、髮菜、莧菜、黃豆、紫菜、花椰菜、包心菜、苜蓿芽、燕麥片、原味優酪乳、枸杞等。

- 注意葡萄柚有豐富的維生素和纖維質，多鉀卻少鈉，可以降血壓；不過要注意，它和許多藥物不可併服，尤其是降血壓藥、心臟用藥。

- 鎂可防止鈣質沉澱在血管中，並能調節血壓。鎂多存在於富含葉綠素的蔬菜中，如：菠菜、莧菜及甘藍菜。而胚芽、全穀類之麩皮、核果類、種子類及香蕉也含有豐富的鎂。

- 多補充深海魚油、富含Omega-3不飽和脂肪酸的食物，例如鮭魚、鮪魚、金槍魚、鯖魚等深海魚類，可有效降血壓。

- 補充維生素C、E、微量元素硒、及輔酶Q_{10}能有效維持心血管的健康。

樂活保健

單方精油——薰衣草、快樂鼠尾草、甜馬鬱蘭、洋甘菊、乳香、佛手柑、橙花、玫瑰天竺葵……等，特別推薦給60歲以上患有高血壓的長者使用，無論自己動手局部按摩足部、手部或子女代勞按摩背部每周1-2次，或泡澡、薰香，都能紓緩情緒、照護心血管，紓壓保健。

溫馨推薦 1 桂花紅茶	配方	桂花1大匙、紅茶包1個、牛奶1大匙、蜂蜜適量
	作法	1.桂花、紅茶包放入耐熱杯中，沖入300~400cc熱開水，燜泡3~6分鐘。 2.取出茶包，加入牛奶調勻。蜂蜜可依喜好甜度適量增減即可。
	效用	桂花香味清新，安心寧神

溫馨推薦 2 芳香浴、薰香、按摩	配方	薰衣草5滴+洋甘菊10滴+甜馬鬱蘭15滴
	用法	調好一瓶裝入乾淨的深色玻璃滴瓶內，每次用量以4至8滴為溫和劑量，依個人喜好，可以薰香、芳香浴或調和基礎油按摩手部、足部。
	效用	可以有效紓緩焦慮、緊張的情緒，預防血壓驟然飆高。

溫馨推薦 3 嗅吸	配方	橙花10滴＋佛手柑10滴＋依蘭依蘭5滴，滴入深色精油瓶內，即為複方精油。
	用法	將上述複方精油1-2滴，滴於掌心，搓熱後直接吸聞或用薰香器直接薰香。
	效用	安神釋壓，穩定情緒。

安心Tips

- 收縮壓會隨著年齡而增加，但舒張壓在55歲以後會有「假性下降」的現象。千萬不要以為收縮壓偏高，但舒張壓正常便不要緊，一旦輕忽反而會增加中風的機率。

- 有些精油會使血管收縮、血壓升高，高血壓患者應該謹慎使用，這類精油包括了迷迭香、百里香、絲柏、牛膝草、羅勒、肉豆蔻、藍膠尤加利……等等。

你也可以這樣做

- 因情緒緊張所引起的血壓上升，可以選擇真正薰衣草、苦橙葉、薄荷精油，以超音波精油水氧機在客廳擴香，幫助放鬆心情。

- 因為工作壓力大而高血壓的朋友，可用甜馬鬱蘭和檸檬精油製做噴霧劑，在感覺到自己情緒失控、血壓開始飆升之際，用噴瓶在自己的手掌心及空間噴灑1至2下，那氣味會讓你穩定情緒、進而將血壓慢慢穩定下來。

退化性關節炎——
最常見的老人病之一

　　故鄉的鄰居中有許多老人家，每回聽家人提起他們的近況，總不離身體病痛的消息，令我十分感慨。這群長輩從年輕打拚到老，在那個艱苦的年代裡，每個人為了多賺點錢，讓孩子受好教育、讓家人過好生活，賣力地做工或耕種，再苦也不退縮。這群人年老之後，卻因諸多老人疾病而無法安享晚年，真的很令人心疼。

　　過度使用關節，加上自然老化，退化性關節炎成了許多老年人的痛，使得老年生活品質不佳。在骨科領域中，關節炎的種類很多，其中以退化性關節炎最為常見。退化性關節炎是關節軟骨受到過度的磨損而產生的，和硬骨質流失的骨質疏鬆形成原因不同。

瞄準保健

　　退化性關節炎是兩個骨頭之間關節接觸面的軟骨，因受傷或承受的磨損超過一定限度之後，本身開始產生裂縫，之後，其下的骨頭便暴露出來而引發一系列的反應。其主要症狀包括疼痛、僵硬、關節腫大及變形，起床後特別容易有輕微的關節僵硬感。

　　最常發生退化性關節炎的部位，是在承重及活動頻率較高的膝關節、髖關節、手指關節、頸椎以及腰椎關節。

　　50歲以上、肥胖者（尤其是中年婦女）、曾受關節外傷者、骨質疏鬆症、風濕性關節炎患者、運動員、家族有人罹患此症等，比較容易得到退化性關節炎。其發生可能與體質遺傳、老化、體重過重、過度使用關節，以及關節周圍力量不足有關。

　　退化性關節炎是無法治癒的，治療的目的在於減輕疼痛，並儘量維持關節的活動度。治療方法包括藥物（止痛、消炎）、復健

（熱療、伸展、肌力訓練）以及外科治療（關節鏡手術、人工關節置換）。

🍃 寶貝自己

- 平日生活起居要注重關節保健，不過度勞動；但不能因為怕痛就不動，病況反而會愈來愈糟。

- 適當的運動以強化關節附近肌肉而減少關節的負擔為宜。上了年紀之後，就不要逞強打球、跑跳，也避免過度蹲屈或爬山、攀岩。

- 多曬曬太陽吧！陽光可將維生素D活化為 D_3，增加鈣質吸收，有效防止骨質流失，延緩退化性關節炎的出現。

- 適度減重，可以減輕關節的負擔。

- 關節疼痛會讓患者的活動量減少，進一步使得社交活動減少、情緒低落甚至憂鬱；更可能因活動減少、臥床時間增加而出現便秘、肌肉萎縮、骨質疏鬆、肥胖等變化。因此請不要一味忍耐，應積極尋求醫師診療。

拈花惹草也可以強化肌力

- 不要濫服來路不明、摻有類固醇的止痛藥，雖然疼痛得到一時緩解，卻會引發月亮臉、下肢水腫、腎功能受損、骨質疏鬆等副作用，得不償失。

- 增加鈣質攝取避免骨質疏鬆，能預防退化性關節炎。因為軟骨下方骨骼的密度，可提高關節軟骨的載重量，如果硬骨的支撐力不夠，那麼關節軟骨的流失磨損就會更快。

飲食調理

- 退化性關節炎的病人平時應多吃富含膠質、軟骨素，有利於關節軟骨修復的食品，如豬耳、蹄筋、貝類、小魚乾、木耳、海帶等，忌食動物性油脂及辛辣、燒烤或油膩，如肥肉、辣椒、菸、酒、咖啡……等。

- 平日攝取充分的抗氧化營養素，就有保養關節的效果；像是含有維生素C、E、β-胡蘿蔔素的蔬菜水果，還有含多酚類與生物類黃酮的葡萄、柑橘類、蘋果、綠茶及全穀類等，可降低細胞發炎，加速關節傷害的復原，改善關節疼痛。

- 多補充維生素C、D。血液中維生素C及D含量較低者，發生退化性關節炎機率為正常者的3倍。若飲食中維生素D的攝取量太少，且血漿中維生素C及維生素D含量較低者，其退化性關節炎的情形會更加惡化。

- 補充葡萄糖胺及軟骨素，能提供關節組織營養，恢復潤滑功能，減輕摩擦導致的疼痛，修復磨損的關節，阻止關節炎惡化。兩者常一起搭配使用。

- 深海魚類所含的油脂類含有豐富的Omega-3不飽和脂肪酸，主要成份EPA及DHA會抑制發炎前驅物質的形成，可幫助對抗發炎，減輕腫痛。與天然葡萄糖胺、鯊魚軟骨素等共同搭配使用具有協同效果，也是目前常見的退化性關節炎保健配方。

樂活保健

使關節保暖、機能活絡，是緩解退化性關節炎痛苦的原則，建議使用薑、迷迭香、喀什米爾薰衣草、黑胡椒、桉油醇迷迭香、杜松漿果等精油，搭配熱水浴、按摩或熱敷進行照護。

溫馨推薦 1 按摩	配方	薰衣草+薑+杜松漿果各4滴，調勻甜杏仁油20ml
	用法	塗抹於關節附近，輕輕按摩。
	效用	活絡關節，減輕周邊肌力的僵硬感。

溫馨推薦 2 塗抹	配方	黑胡椒+薑+喀什米爾薰衣草各取4滴；甜杏仁油10ml+ 山金車浸泡油10ml
	用法	塗抹於關節附近，用4指指腹用大螺旋畫圈安撫。
	效用	促進微循環，同時山金車浸泡油有消炎和滋潤、鎮定肌膚 效果，能有效紓緩疼痛。

按摩可以活絡關節，表達關愛

配方	杜松漿果+薰衣草+桉油醇迷迭香各3-4滴
用法	臉盆內盛放熱水並添加精油後,再放入棉布浸泡。取出棉布稍加擰乾後做局部貼敷,上層可用保鮮膜或塑膠袋再封一層,效果會更好。熱敷時間約5至10分鐘,期間可更換敷布。也可將上述精油滴入熱水中泡澡,進行芳香浴。
效用	溫熱芳香分子,促進體內微循環,活絡筋骨,強化、保健關節的活動。

安心Tips

● 許多老人家因為退化性關節炎而不願意外出,逐漸自我封閉,導致身心極速退化。請勸慰老人家:關節就像身體零件,用久難免老化,這是自然現象,幸好醫藥發達,還有精油可以保養,多活動,狀況就會好轉。

● 在此提醒為人子女者,關節退化帶給老人家的,不僅是疼痛和不便,可能還包括挫折感。請體諒他們的心情,並透過芳香照護,幫助父母改善關節退化的疼痛,向他們表達愛與關懷。

你也可以這樣做

● 在天氣變化時可用月桂精油加熱水,熱敷疼痛的部位,減低關節緊痛感。

● 雨季裡,關節不佳和敏感的人很容易生病,可使用雪松擴香,增強免疫力。

● 因運動造成關節受傷時,可用少量的甜茴香精油調油按摩,緩解發炎疼痛。

阿茲海默症——
老年失智最常見的原因

電話撥通了，卻忘了要找誰？

走進了廚房，卻愣在那兒，忘了想做什麼事？

對多數人而言，這些經驗並不陌生，問題在於是否很頻繁地發生。因為健忘，不少人擔心自己是不是腦筋生了病，還是開始退化了。其實，應該先靜心省思自己的生活腳步，是否有所失序——常常三頭六臂、千頭萬緒、一次想同時做完三件事……，對腦力的記性挑戰不斷，難免有所失誤。工作效率固然重要，調心調性、放慢腳步，專注行事，更是身心健康的生活態度。

阿茲海默症（Alzheimer's Disease）會犯襲人的腦部組織，它並非正常的老化現象，在目前仍是一種不可逆、尚無法治療的疾病，也是老人失智日漸惡化最常見的原因。

瞄準保健

阿茲海默症又稱為「老年癡呆症」或「老人失智症」，是一種腦部功能漸進式退化的疾病，會影響記憶力、思考力、判斷力、智力、精神和性格。

患者在腦部堆積有異常的蛋白質，造成腦神經細胞死亡，而逐漸地喪失記憶、思維和行為能力。年紀愈大，罹患機會愈高，大多數發生在60歲以上的老人身上。

阿茲海默症與家族遺傳有關；另外，長期高血壓、腦部受過傷、酗酒、膽固醇過高、患有糖尿病、過度肥胖的人都是高危險群；女性因為比較長壽，所以比男性更容易罹患此症。

剛開始可能只是比較健忘（對近期事物），慢慢地記憶力愈來愈差，接著對原有的興趣和工作失去熱情，然後無法做簡單的計

算，智能明顯退化，個性也跟著改變，逐漸變得焦躁、易怒、多疑，最後會失去生活自理的能力，甚至完全不識親人，長期臥床。

寶貝自己

- 避阿茲海默症的致病原因不明，所以也沒有明確的預防方法。不過有愈來愈多的證據顯示，多從事體能、心智以及社交活動，積極控制高血壓、高血脂，可能有助於防止此症發生。

- 目前雖然無法治癒，但可以透過藥物來穩定病情、延緩病程，改善患者及家屬的生活品質。

- 不少研究顯示，動脈硬化、高血壓、糖尿病等，都是可能致病的危險因子，小中風也會使症狀加重。因此控制這些疾病、清淡飲食等，乃是預防之道。

- 多動腦、大聲朗讀文章（每天至少1頁，約500至800字）、算術（如買東西、算錢）、多做休閒活動（如適度適性打麻將）、保持愉悅心情、擴大社交網絡、多與親朋好友談天、遠離憂鬱等，都能使大腦永保活力。

- 阿茲海默症本身並不會致命，且病程的進展快慢因人而異，差異頗大，早期診斷除了可以早期治療外，更有助於患者自己及家人對未來的照顧預做安排。

- 當失智愈來愈嚴重時，病患在生活各方面都需要他人協助，像是洗澡、進食、上廁所等。由於阿茲海默症患者需要日夜看護，因此親友的生活往往也受到很大的影響。所以除了藥物治療與適度行為限制外，家屬也應尋求相關協助並學習照顧技巧。

- 每天規律的作息，固定的事物有助於患者記起現在該做什麼事。可運用某些工具來輔助阿茲海默症患者，例如在建築物中張貼平面圖，讓患者容易找到他們的住家或房間的位置，或藉著一些小標示、圖形來提醒患者該做某些事。

● 醫界普遍認為維生素E和阿斯匹靈，被認為對於阿茲海默症具有效果，但機轉如何目前尚不清楚，有人推測認為維生素E能保護神經細胞的細胞膜，不受自由基氧化作用的傷害。

飲食調理

● 維生素B群可以延緩大腦萎縮，減緩失智症的出現，含量豐富的食物有糙米、燕麥、肝臟、牡蠣、鮪魚、綠色蔬菜、香蕉等。

● 維生素E具有抗氧化的作用，有保護腦部的功能，含量豐富的食物有全穀類、小麥胚芽、菠菜、花椰菜等深色蔬菜、豆莢類、核果、菜籽油、奇異果、芒果等。

● 多吃含有抗氧化物質的食物（含 β-胡蘿蔔素、維生素E、C），也就是多攝取深綠、黃色的蔬菜和各類水果、藻類等。

● 茶和咖啡都含有豐富的抗氧化物質，適量地喝可以保護血管，抑制腦部發炎，減低腦部功退化。像是日本人每天喝500cc的綠茶，可能就是他們長壽的原因之一；此外，茶葉所含的兒茶素，也有改善血糖、保護腦部的功能。

● 多吃堅果類（含鈣、鎂）、豆類及豆類製品（含卵磷脂）、深海魚類（含DHA）。

● 可適量食用營養補充品「銀杏葉萃取物」，具高效抗氧化能力，能使血流順暢，預防血栓塞、提升記憶力及注意力，可改善失眠及失智症。（注意不可與阿斯匹靈或抗凝血劑一起服用，且應事先請教醫師用量。）

● 可補充「卵磷脂」，它對於失智症及大腦功能異常等認知障礙，具有預防及減緩繼續惡化功效。

● 深海魚類如沙丁魚、秋刀魚，鮭魚、鯖魚……等的魚油，其中所含的多元不飽和脂肪酸EPA及DHA，能促進神經細胞對訊息的傳遞及減緩腦部老化，維持腦細胞機能。

●美國研究發現，大量食用咖哩（含有具高效抗氧化能力的薑黃素）的國家如印度，老人罹患阿茲海默症的比例明顯較低。

🌿 樂活保健

照顧阿茲海默症患者，我特別推薦下列精油——
1.花香類：薰衣草、橙花、玫瑰、茉莉。
2.果香類：檸檬、甜橙、葡萄柚。
3.其他：提振及穩定情緒的精油—玫瑰天竺葵、薰衣草
　　　　促進微循環的精油—薑、黑胡椒、熱帶羅勒、迷迭香

溫馨推薦 1 柳橙馬鞭草茶	配方	馬鞭草1大匙、迷迭香1大匙、柳橙1/2個、蜂蜜少許
	作法	1.所有材料以冷開水略微沖洗乾淨。 2.洗好的材料放入耐熱杯中，沖入300~400cc熱水，燜泡3~6分鐘過濾，再加入柳橙汁、少許蜂蜜調味即可。
	效用	清新活力、穩定情緒。

溫馨推薦 2 薰香、嗅吸	配方	熱帶羅勒+薑+黑胡椒，上述精油各取2-3滴
	作法	可將上述精油滴入超音波精油噴霧水氧機內擴香，或直接把精油滴在掌心上搓熱後（或滴於手帕或面紙上），湊近口鼻直接嗅吸。
	效用	適合在白天使用，帶來歡愉感，改善室內芳香氛圍並穩定患者情緒。

對重症失智症患者的芳香照護，無法提高專注力，增強記憶力，但是可以延緩病程的惡化。

配方	玫瑰5滴+玫瑰天竺葵5滴+熱帶羅勒2滴+薰衣草10滴+迷迭香2滴,調勻為複方精油。
用法	每次取5滴複方精油與10ml植物油調勻(視用量增減)。可於固定時間做背部或手、足、肩、頸部⋯⋯等局部按摩。
效用	適合晚上或睡前進行,有放鬆情緒、安定心神、消除疲勞、幫助入眠的功效,讓患者獲得充分的撫慰與休息。

滾珠精油可穩定情緒

安心Tips

● 照顧失智症患者時,家屬要把握的原則是努力去「保存」病人還有的功能,例如洗澡等簡單自我照顧能力,而不是要去「挽回」已經失去的功能,例如從事複雜的數字計算。

● 國內外已成立有許多社團組織,可提供阿茲海默症/失智症的相關訊息,有需求者可上網了解,尋求協助。

台灣失智症協會:
http://www.tada2002.org.tw/Default.aspx

阿滋海默症協會:
http://www.alz.org/asian/chinese.asp

你也可以這樣做

● 提供一個熟悉而穩定的環境,讓患者產生安全感也是很重要的。請盡力找出失智老人喜愛的香味,運用擴香營造一個讓他們「樂在其中」的舒適空間吧!

帕金森氏症——
愈來愈常見的神經病變

　　大部分帕金森氏症患者在初期動作不靈活時，都以為只是正常的老化現象，直到出現嚴重的顫抖或是走路不穩，甚至跌撞得傷痕累累，這才覺得嚴重而來就醫。

　　已逝的教宗若望保祿二世晚年即罹患此症，不過，並非所有患者都在年老時才發病。四、五年級生為之瘋狂的好萊塢電影〈回到未來〉，男主角米高福克斯，還有世界前拳王阿里，都在三、四十歲就被診斷出罹患此症。

瞄準保健

　　帕金森氏症是一種進行緩慢、逐漸惡化的神經退化性疾病，它的發生是因腦中的神經傳導物質「多巴胺」（Dopamine）產量不足所致，可能是先天的基因遺傳加上後天的環境因素共同造成。雖然目前已經有許多藥物和外科手術可以減輕症狀，但還找不到可以延緩、阻止或預防帕金森氏症的方法。

　　初期症狀通常極為輕微，像是行走時，雙手不會自然擺動；手指頭或腳趾有時會不由自主地輕微抖動，說話音調變軟、發音不清楚……，接著典型症狀就會慢慢出現，包括：手腳顫抖、身體僵硬、平衡感變差、走路困難、動作遲緩、面無表情等，最終可能會癱瘓不起。

　　依據統計：50歲以上、知識分子、肥胖者是高危險群，男性患者比女性多出三至四成，台灣平均發病年齡約在60歲。

寶貝自己

- 保持樂觀的生活態度，避免憂鬱，維持社交活動，適度運動，來保持體能最佳狀態，隨時與醫師密切配合，以得到最佳的治療。

- 可繼續工作到正常退休，退休後也要多培養興趣。如果終日無所事事或減少活動量，可能會使病情惡化。適量的運動尤其必要，但最好避免需要維持平衡的運動（如騎自行車）。

- 遠離農藥、殺蟲劑，科學家已證實它的危害，噴灑除草劑的農場工人，得病率是一般人的2至3倍。

- 不必因為怕麻煩而犧牲出遊的樂趣，搭車船或是看表演時可主動表明要求靠出口的位置方便進出，相信大家都會體諒的。

- 日本科學家發現了新維生素「咯奎」（pyrroloquinoline quinone，簡稱PQQ），可有效抑制破壞腦神經細胞的突觸核蛋白產生，避免帕金森氏症惡化，PQQ在黃豆、綠茶、菠菜、芹菜、青椒中都有。

- 雖然沒有立即致命的危險，但是日常生活中卻總是存在著種種不便，須多用心來加以調整，以提高生活品質。如：將菜餚切成小塊，方便取食進食；餐具使用好握的叉子和湯匙，並選用摔不壞如美耐皿的材質。

- 患者吞嚥、咀嚼往往較為困難，可使用果汁機將食物打碎或烹調成濃湯，並多選擇柔軟、濕潤的食物，吃東西時要儘量坐直、收下巴，有助吞嚥食物。患者在喝果汁、湯汁時也容易嗆到，可運用吸管輔助進食。

飲食調理

- 多幾乎每一位症患者都會便秘，一方面是疾病本身，一方面是藥物的副作用。經常要食用高纖食物，水份的攝取也要足夠。更重要的是，食物本身也要好吃，配合取食的便利性，讓患者的心情愉快，病情也會跟著改善。

- 多吃含維生素E的食物，例如橄欖油、小麥胚芽、堅果、菠菜、花椰菜、豆莢類等。

- 多吃含必需脂肪酸的食物，例如深海魚、豆類、堅果類、葵花油、橄欖油、紅花籽油、大豆油、芝麻油等。

- 氨基苯基丙酸（phenylalanine）是神經傳導不可缺少的胺基酸，有助於紓緩帕金森氏症；含量豐富的食物有杏仁、魚、胡桃、酪梨、香蕉、起司、南瓜、芝麻、青豆、扁豆（皇帝豆）、脫脂奶粉、花生等。

- 多吃穀類和蔬菜瓜果，能得到碳水化合物、蛋白質、膳食纖維和維生素B等營養，並能獲取身體所需能量。

- 每天喝杯牛奶以補充鈣質，對於容易發生骨質疏鬆症和骨折的老年病患來說非常需要；為避免影響服藥效果，建議在睡前飲用。

- 不吃肥肉、動物性油脂和內臟，飲食中過高的脂肪會延遲左旋多巴藥物的吸收，影響藥效。

樂活保健

芳香護理對帕金森氏症的紓緩作用，在國外早已行之有年，效果也備受肯定。尤其植物精油中的芳香分子，對腦中神經傳導物質「多巴胺」的分泌有平衡、協調作用，能有效紓緩症狀。有些症狀較嚴重的病人，可能發生運動障礙，喪

失生活中的自理能力，這時就要幫助其做被動式的活動，像是背部按摩、手、足部局部按摩等都很適宜。

芳香照護常用的適用精油有下列：迷迭香、甜馬鬱蘭、檸檬/薰衣草、甜橙、玫瑰天竺葵，以及花香類、果香類……等精油。

溫馨推薦 1 按摩	配方	迷迭香10滴+甜馬鬱蘭10滴+檸檬5滴+甜橙5滴；甜杏仁油30ml
	用法	取定量調勻的用油，自己動手按摩手、足部，或由家人代為按摩背部、手部、足部，每天1-2次，保健活力。
	效用	活絡循環，改善僵化的肌肉，增強肌力。

溫馨推薦 2 芳香浴	配方	甜橙5滴+佛手柑5滴+薰衣草10滴，調勻為複方精油。
	用法	每次取4至6滴複方精油倒入裝有溫熱水的浴盆，做為泡澡之用。
	效用	泡澡會讓全身肌肉放鬆，血液循環順暢，並藉水溫活絡關節、緩和痠痛，同時紓緩沮喪情緒，濕潤芳香氛圍。

你也可以這樣做

● 因為帕金森氏症患者行動遲緩，生活不便，容易出現碰傷、摔傷及其他意外傷害，家庭護理時應採取相應措施，如降低床的高度、配備手杖等。

● 帕金森氏症是一種慢性疾病，患者在遭受身體病痛的同時還要承受很大的心理負擔，因此常出現情緒不穩、焦慮、恐懼或自暴自棄等問題。家人應成為他的「家庭醫生」，為病人提供適時的心理支持與慰藉，幫助患者營造一個愉快、輕鬆的生活環境。

安心Tips

● 憂鬱症可能是帕金森氏症的早期症狀。最新研究顯示：與帕金森氏症患者最親近的家屬（父母、子女、兄弟姊妹）得到憂鬱焦慮症的可能性會增加，尤其是患者發病年齡小於75歲，這可能是基因、環境或是兩者共同的因素。所以家中若有成員患有此症，其他家屬也應特別注意。

居家生活保健篇

第九篇

輕鬆擺脫小毛病

時時香氣好樂活

　　在日常生活中，我們難免因為個人體質、飲食改變、運動量不足，甚至情緒的起伏波動，而引發一些生理上的小毛病，像是心悸、落枕、蕁麻疹、手腳冰冷、小腿抽筋、靜脈曲張等。大多數時候，這些問題並不會造成生命上的危害，卻很容易引起我們的恐慌及憂慮。畢竟，隨之而來的許多不適症狀，總是讓人非常不舒服，情緒和活動都受到限制，也影響到正常的工作和生活情境。

　　此外，我們在交際應酬或外出旅遊時，有時也會引發宿醉、暈車、時差或被蚊蟲叮咬等各種突發狀況，若能運用天然、安全、無副作用的芳香小撇步來化解，未嘗不是樂事一件！

　　芳香護理的功效既大且廣，並不僅止於緩解症狀，另一方面，它也能提升代謝、增強免疫力，輕鬆調理出好體質，幫助我們揮別一些惱人的小毛病，或讓身心獲得全面性放鬆，發揮自我修護的能力。同時，運用天然植物香氣來營造令人愉快的居家香氛，更是享受樂活人生不可或缺的瑰寶。

花美茶香好心情

心悸——
心頭小鹿亂撞不舒服

學生告訴過我這麼一個故事：

她的公公從年輕時就有心悸的毛病，長期以來一直在心臟內科就診，服藥讓他的症狀得以控制，但始終無法根治。三年前起，老人家在某次重感冒後，不知是藥物引起還是元氣大傷所致，心悸的發生頻率大增，幾次送醫急診做了種種檢查，卻沒有任何結果，久而久之，全家人慢慢變「油條」，老人家也覺得只要忍忍，不會有大礙的。

去年冬至夜，老人家忽然不舒服，因為心悸又犯了。當天全家人都在，大夥兒七嘴八舌地詢問「今天晚上吃過藥沒？」、「不舒服的感覺有變強烈嗎？」、「和以前發作的感覺相似嗎？」，最後共同的結論是「再看看吧，以前也常這樣。」

但誰都沒料到，這次不是「狼來了」。就在冬至夜，她的公公因心臟疾患過世，至今提起這件事，全家人都懊悔真不該輕忽心悸。

瞄準保健

心悸是指在無意識、沒有特別注意的情況下，對自己心臟的跳動感覺到不舒適的一種自覺現象。時間從幾秒鐘到幾小時，頻率從偶爾發作到一天數次都有可能。

引起心悸的原因很多，最常見的是心律不整，這是心跳異常的一個總稱，它包含了多種異常的心跳模式。有些心律不整是因心臟疾病而引起，如冠狀動脈疾病、風濕性心臟病等。不過，心悸的厲害程度與心臟疾病的嚴重度不一定成正比。

心悸未必就是心臟病引起的，如壓力大、神經緊張、貧血、發燒、低血糖、甲狀腺機能亢進、自律神經失調、飲食、藥物等非心因性因素，都有可能造成心悸。

　　大多數時候，心悸並不會造成危害，卻會引起病人的恐慌及憂慮。心悸有時可能是嚴重心臟病的警訊，當心悸頻率增加，或是發作時間延長、程度加劇時，應儘速就醫檢查。

寶貝自己

● 減少生活上一些可能引發心悸的誘因，例如抽菸、喝酒、焦慮、寒冷、刺激性的談話等；學習排解壓力、自我放鬆，儘量保持心境平和愉快，避免受到情緒影響，以減少心悸的發作。

● 維持生活規律，睡眠充足不熬夜，工作休閒並重，避免體力透支、過勞工作，身心耗竭。

● 運動要適度適量，不要過於激烈或過久。

● 維持正常而穩定的體重，以免心臟負擔過大。

● 定時進食，不要讓自己血糖太低而容易引起心悸。戒除菸酒、咖啡、濃茶、巧克力等刺激性食物。

● 必要時可由醫師依症狀給予如鎮定劑，自律神經安定劑等藥物治療，若是藥物引起的心悸問題，宜和醫師討論停藥或另選替代性藥品。

調整心情，紓緩心悸

飲食調理

● 飲食宜清淡，以容易消化吸收者為主，最好少量多餐。忌吃辛辣、油膩或咖啡、濃茶等刺激性的飲食。

● 多吃含維生素B群的食物，例如糙米、燕麥、牡蠣、鮪魚、綠色蔬菜、香蕉等；尤其維生素B_1、B_5不足時容易出現心悸。

● 多吃富含Omega-3的食物，例如鮭魚、鮪魚、鯖魚等深海魚，可保護心血管，預防動脈硬化、心跳不規則等問題。

● 攝取足量的鎂離子可減少心律不整的發作，改善心悸的症狀，例如全穀類、糙米、黃豆、核果等都是適合的食物。

● 可補充營養素輔酶Q_{10}（Coenzyme）來維護心臟和循環系統的健康，紓解氣短和心悸問題。

樂活保健

芳香保健對於心因性引起的心悸有紓緩作用，常常用來照護容易有精神上壓力的精油，包括橙花、薰衣草、乳香、玫瑰、玫瑰天竺葵、伊蘭伊蘭等。但要注意：牛膝草、迷迭香、鼠尾草、百里香……等精油，對高血壓病患及孕婦不宜使用，容易心悸的人，也宜謹慎選用。

溫馨推薦 1 薰香噴霧	配方	薰衣草10滴+玫瑰天竺葵10滴+乳香10滴，上述精油分別滴入深色精油瓶，隨身攜帶。
	用法	薰香、噴霧式。
	效用	當工作壓力過大或因煩惱某件事而產生心悸、不安時，能穩定心跳和血壓，改善情緒緊繃狀態。

溫馨推薦 2 塗抹	配方	薰衣草+檸檬+葡萄柚，上述精油各取2滴；調10ml甜杏仁油，倒入滾珠調油瓶內。
	用法	隨身攜帶，需要時塗抹人中吸聞或畫圈式塗抹太陽穴、手掌心、手腕內側……等安神。
	效用	能在第一時間迅速緩解因心因性緊張，造成心悸、眩暈等不適狀況。

溫馨推薦 3 芳香浴	配方	伊蘭伊蘭+橙花+佛手柑，各取2-3滴，調入小蘇打粉或浴鹽2大匙（30公克）
	用法	加入微溫水中進行芳香浴。
	效用	放鬆身心，舒展情緒，可有效緩解壓迫感。

安心Tips

● 心悸會對患者造成極大的不安，除了醫護人員提供專業諮詢外，也很需要家人適時的傾聽及關懷。

你也可以這樣做

● 橙花精油是處理心悸問題的最佳選擇，不舒服的時候，即使無法薰香，使用衛生紙滴上2滴或滴在掌心搓熱做嗅吸，可以穩定心跳，改善不適。

● 經常因緊張焦慮而心悸的朋友，下班後，不妨用薰衣草精油、玫瑰或玫瑰天竺葵和浴鹽加入溫水中，讓自己舒服地泡個澡，解除壓力。

落枕——
一覺起來變成機器人

　　玉鳳是個勤快的女孩，無分晴雨寒暑，每天都是她頭一個到達辦公室，除了整頓自己的座位，還會順便把公共區域整理一番，然後才展開一天的工作。

　　玉鳳的身體有個老毛病，如果著涼前夕正巧又熬夜，就會嚴重落枕，輕微發作時會動作緩慢僵硬，嚴重時則會痛到無法起身，必須臥床休息。玉鳳曾跟我說：「有了這個討厭的病，我的年假根本不敢用來出國，得留著『貼補』病假，不然人事部可能以為我偷懶，覺得哪有人落枕就要請假的……。」

　　不忍見她這麼難過，我用迷迭香和薑精油調了一瓶油送給她：「如果覺得不對勁，用來熱敷，這會讓緊繃的肌肉放鬆，就不會那麼痛了；痛的地方切記要保暖，別吹到冷風，永遠記得這麼照顧自己喔！」

　　玉鳳使用後告訴我，以精油加入熱水做熱敷，對於改善落枕的疼痛很幫助，她照著我的叮嚀，讓肩膀和脖子隨時保暖，落枕的機率真的降低了。

瞄準保健

　　起床時脖子肌肉突然緊縮，稍稍一轉頭，就疼痛不已……。落枕的發生可不只是睡不好而已，還是身體發出的一大警訊。

　　落枕其實就是頸部肌肉發生急性痙攣與拉傷，正確說法應為急性頸椎關節周圍炎（Acute fibrositis），主要症狀是頸部肌肉受到壓迫或過度伸展而產生的僵直性疼痛，頸部不能靈活的運動，甚至前俯、後仰都覺得困難，要轉頭側身時因為頸部疼痛，所以身體也要

跟著轉動，動作上看起來非常不自然，通常只發生在一側。患者雖能正常工作生活，但非常不舒服，情緒和活動都受到影響。

　　落枕發生的原因有三：一是睡姿、站姿或坐姿長期不良；二是睡覺時頸部處於溫差大的環境，引起肌肉收縮、痙攣；三是上呼吸道感染或感冒，引起頸部肌肉群發炎等。落枕大多出現於一覺醒來後，通常是因睡姿不良，或太過沉睡、睡眠時體位過久不變、身體無法反射翻身動作、頸部肌肉伸展時間過久等，以致發炎疼痛。

　　落枕雖然是一種偶發性的肌腱炎，但在急性症狀發生之前，其實都已經過長久的累積：可能是長期姿勢不良或是過度疲倦，尤其許多壓力大、常熬夜的上班族特別容易一再復發。

若長期睡姿不正確，小心落枕

寶貝自己

● 出現急性落枕時可先冰敷以緩解疼痛，並立即平躺休息；當患部腫脹、灼熱、疼痛感減輕時，則改以熱敷。

● 看書或打電腦時，避免眼睛距離太近或縮著肩頸等不良姿勢，每半小時起身走動，轉轉頸項、活動筋骨。

● 作息正常，避免熬夜，調適壓力，以免頸部肌肉長期性過度緊繃而落枕。

● 避免過度疲勞或喝醉酒而還沒躺平、躺正就睡著；尤其不要坐著或在行進間的車上睡覺。

● 不要因為痛就完全不敢動；可以先嘗試簡單的伸展如「漸進伸展法」：將頭部朝疼痛的一側慢慢轉動，當感到疼痛時就停住，但不要馬上回復原位，停在原處等到痛感緩和後再逐漸增加轉動的幅度。等到能夠轉到最左（或最右）時，再把頭偏向下，然後仰起，訓練頭部肌肉的靈活度。

● 上班族使用電腦，常把頭往前伸，造成頸後承受過大的壓力而容易落枕；可練習先把下巴收到底，再放鬆，頭部就會回到比較正確的位置。中午趴睡時不要直接趴在桌上睡；最好使用枕頭並貼近胸部，或使用能讓臉部朝下的圓圈式枕頭。

● 平時多注意肩頸保暖，尤其久處冷氣空調環境或需要固定姿勢工作的人。記得睡覺時冷氣、電風扇不要對著脖子吹，冬天外出時穿戴圍巾避免頸部受寒。

● 特別注意：落枕時不要直接壓受傷的痛點，而要壓按、紓緩周圍的肌肉。更不要自行刮痧或拔罐，以免病情加重。

● 選擇大小、高度、軟硬適合自己的枕頭。枕頭若太高會使頸部彎曲，反而易誘發落枕，太低恐使頸部過度後仰，影響血液循環、妨礙呼吸，增加頸椎關節相互摩擦、發炎的機會。

● 若短期內反覆出現並伴有頭暈、手指發麻、手臂發沉等症狀，很可能是因頸椎病誘發的經常性落枕，或超過24小時仍感覺不適時，應儘早到醫院診治。

飲食調理

● 注意營養均衡，多食用乳製品、豆製品及新鮮蔬菜、水果等，以促進新陳代謝。

● 平時少吃冰品、油膩及刺激性食物。

樂活保健

落枕和氣血循環以及頸部肌肉的紓緩、增加肌力及柔軟度很有關係，薑、迷迭香、薰衣草、羅馬洋甘菊、佛手柑精油等，可以幫助循環，改善肌肉的僵硬、緊繃感，是芳療照護處理落枕狀況的常用精油。

溫馨推薦 1 熱敷	配方	迷迭香3滴+薑2滴+羅馬洋甘菊3滴
	用法	把上述精油加入溫熱水中（水溫約為40℃至45℃），將毛巾充分浸濕後稍稍擰乾，熱敷於肩、頸部約10-15分鐘；可依需要重複進行數次。
	效用	讓緊繃的肌肉放鬆，促進血液循環，加速緩解緊繃感引起的不適疼痛。

溫馨推薦 2 按摩	配方	迷迭香4滴+薑4滴+檸檬香茅4滴+基礎油20cc
	用法	把上述精油加入基礎油中調和後，按摩後頸部和肩線至肩胛骨……等上背部，用4指塗油指滑推抹，加強在耳後乳突處及後頸部等部位。
	效用	緩解長期性頸部肌肉緊繃；活化循環，讓身體完全放鬆、血流舒暢。

安心Tips

● 天氣冷、氣溫低時，容易導致頸部肌肉收縮痙攣，可在睡前用乾毛巾包裹熱敷袋熱敷頸部，促進血液循環也有保暖效果

你也可以這樣做

● 平時可多做頸部保健操，輕輕轉動頭部，一筆一劃地寫「米」字。亦即頭頸部分別向前、後、左、右……等方向轉動；紓解頸部肌肉僵硬以及活動一成不變的久坐姿勢。

蕁麻疹——
最難纏的皮膚病

在我的親朋好友中，不分年齡，許多人都有蕁麻疹的發作經驗。蕁麻疹很少僅發作一次，常在吃到不對的東西、身體過於疲勞、心理壓力太大、環境骯髒或剛消毒後發生，甚至，是在上述情況都不存在時，莫名其妙又來了。

我的同事筱琪說起蕁麻疹就淚眼汪汪，因為她的寶貝兒子才四歲，卻有多次蕁麻疹發作的記錄，每次發作，可愛的小臉就腫得好可怕，孩子也會哭鬧不休。婆婆說，一定是筱琪懷孕時吃錯東西，可是她前思後想，飲食很正常啊！

我勸慰她，與其鑽牛角尖去回想懷孕時做錯什麼、吃錯什麼，不如做些有建設性的事——記錄孩子發作前幾天的飲食內容，以及接受過敏原測試。

筱琪的兒子經檢查後發現，對番茄和花粉過敏，只要避開這些東西，發作的頻率就會減少。於是婆媳倆通力合作，把陽台上的花轉送給親友，改種不開花植物，同時請幼稚園老師幫忙過濾，別讓他吃到番茄、番茄醬，此後，小傢伙就很少再發作了。

瞄準保健

蕁麻疹在任何年齡、在全身任何部位都可能發生；發作時雖然奇癢無比、令人難受，卻又像是裝置在身體裡的保險絲，隨時提醒我們關心身體、減輕壓力，注意防範可能隨之而來的各種疾病。

蕁麻疹的外觀很像被蚊蟲叮咬，會出現紅腫的一顆顆，甚至一大塊發癢的疹子，醫學上稱為「膨疹」（wheal）；症狀一般會持續

一到數小時，至多一天內就會自行消退，但常反覆發生，因為具有來去如風，不留痕跡的特性，所以被稱為「風疹（塊）」，閩南語稱做「起清瘼」。有的蕁麻疹產生浮腫部位較深，使得皮膚腫脹肥厚，稱之為「血管神經性水腫」，好發於嘴唇、眼皮、耳朵、手掌腳掌等處，有時患者臉部浮腫有如豬頭一般。

引發蕁麻疹的原因很多，大多是身體對某些外來物質或刺激所產生的過敏反應，例如：某些食物或藥物如海鮮、牛奶、青黴素、注射血清等；病毒、細菌或寄生蟲感染，像是有些人只要一感冒就會出疹子；還有某些疾病如紅斑狼瘡、惡性腫瘤也可能引起蕁麻疹，或是酒精、花粉、黴菌、灰塵、蚊蟲叮咬、動物皮毛屑等。

有些則與過敏反應無關，像是某些特異體質的人，可能會因冷熱、吹風、陽光或壓迫皮膚等物理性刺激，甚至壓力過大、緊張等心理因素而產生蕁麻疹。

一般說來，以急性的佔大多數，如果發作時間持續超過6星期則屬慢性。慢性蕁麻疹大部分並非因外來過敏原所引起，情緒壓力可能是症狀加重的因素之一。

寶貝自己

● 預防蕁麻疹應先在生活中找出過敏的誘發因素（包括食物及藥物等），適當地避免。

● 一旦蕁麻疹上身，醫師通常建議可服用抗組織胺等藥物來緩解病情。尤其慢性蕁麻疹病程長又極易復發，許多是因體質性問題引起，不一定能找到確切的過敏原，應遵從醫囑，確實耐心服藥。

▍控制蕁麻疹

除了避免接觸過敏原之外，在日常生活也應注意下列事項——

● 多休息、勿過度疲累、適度運動等，都有助於體內自然產生對抗過敏原的機制。

● 壓力及情緒緊張會使蕁麻疹的情況惡化，應學習放鬆心情、紓壓及情緒管理。

● 避免不必要的藥物或注射，注意因應氣候冷熱變化，都有助病情的緩解與控制。

● 發癢時避免用手猛抓：抓癢時會讓局部皮膚的溫度升高，使血液釋出更多的組織胺（過敏原），情況反而會更惡化。可按醫師指示，局部冷敷不可熱敷或使用止癢藥膏，另外也應剪短指甲，避免對局部搔抓，而造成皮膚損傷。

飲食調理

● 保持飲食清淡，多吃含有豐富維生素的新鮮蔬果。

● 多吃鹼性食物如：葡萄、海帶、芝麻、黃瓜、胡蘿蔔、蘋果、蘿蔔、綠豆、薏仁等，淨化體質，增強免疫力。

● 避免菸、酒，少吃煎炸、燒烤、辛辣刺激性及含有人工添加物的食品。

● 可多補充維生素C與B群，以強化免疫力（特別是B_6，能明顯改善異位性皮膚炎等過敏症狀）。

樂活保健

喀什米爾薰衣草、玫瑰天竺葵、乳香等精油，提升肌膚抗敏、抗發炎，有益於增進免疫力；玫瑰、茉莉、橙花、羅馬洋甘菊、薄荷等，則可穩定肌膚，達到止癢的功效。搭配使用，可緩和蕁麻疹所造成的不舒服。

溫馨推薦 1 塗抹	配方	羅馬洋甘菊 4滴+薰衣草4滴+薄荷4滴+甜杏仁油10ml+月見草油10ml
	用法	將上述精油調和後，以棉花棒沾取塗抹局部，不可施力按摩，一天3-4次。
	效用	止癢、防護肌膚。

溫馨推薦 2 塗抹	配方	羅馬洋甘菊10滴+玫瑰天竺葵10滴+無香精乳霜或乳液50公克
	用法	塗抹於患處。
	效用	保濕、抗敏、紓緩肌膚

上述配方的乳霜可加入月見草油5-10cc，也可用德國洋甘菊取代羅馬洋甘菊。

安心Tips

● 治療慢性蕁麻疹，必須要有耐心長期抗戰，規則服藥，不自作主張，隨意減藥或停藥。同時務必喝大量開水，以代謝體內的過敏原。

玫瑰天竺葵具紓緩肌膚功效

你也可以這樣做

● 蕁麻疹發作時，小孩子會搔癢難忍，萬一抓破皮就糟了。這時，可準備一盆微溫的洗澡水（切忌過熱），倒入喀什米爾薰衣草和羅馬洋甘菊精油數滴，供他泡澡；冬天擔心著涼可改為擦澡，如此可抑制搔癢的痛苦。

小腿抽筋——
半夜痛醒的經驗

　　秋玫抽筋的經驗比誰都豐富。她從國小就是田徑校隊，無數個晚上睡到半夜，忽然痛醒過來，哀嚎的聲音驚動了全家。爸爸說這是運動過度的後遺症，主張退出校隊，這麼一來，秋玫之後抽筋都不敢吭聲，深怕父母真的會阻止她練跳遠。

　　長大後懷孕做媽媽，大約妊娠30週左右，小腿抽筋的惡夢又來了。婦產科醫生建議她多喝些牛奶，有機會多做日光浴，老公也貼心的替她按摩雙腳，雖然一切都照做了，照樣三天兩頭抽筋。秋玫告訴我，她認命了，只要孕期平安、孩子健康，抽筋就抽筋吧！

　　我則告訴她，許多精油是孕婦無法使用的，不過可以在睡前足浴或熱敷小腿，多少會有改善；若非孕婦，則有較多精油可供選擇，處理小腿抽筋其實不必太悲觀。

瞄準保健

　　晚上睡覺時突然發生小腿抽筋，在醫學上稱為「腓腸肌痙攣」（腓腸肌就是俗稱的「小腿肚」），這是一種不自主的、突發性的肌肉強力收縮現象，會造成肌肉僵硬、疼痛。尤其常在半夜發作，往往會把人痛醒，時間持續數秒至數分鐘不等，嚴重影響睡眠品質。

　　引起小腿抽筋的原因很多，可能是運動過量、過度疲勞、睡姿壓迫、局部循環不良、環境溫度太低、情緒緊張、水分和鹽分流失過多造成體內電解質不平衡、荷爾蒙改變、礦物質攝取不足；或是某些慢性疾病，甚至是藥物影響都有可能。

　　老年人的發生率大於年輕人，女性又多於男性。尤其以孕婦、經期婦女及65歲以上老人的發生率較高。

寶貝自己

- 晚上睡覺時注意小腿的保暖，避免冷氣、電風扇直接吹向腳部；睡姿要讓小腿肌肉儘量保持拉長狀態，避免腳底板過度下垂。

- 睡覺前以38℃溫水浸泡雙腳15至20分鐘，有助於促進血液循環、肌肉放鬆，減少抽筋情況。

- 少熬夜，平時應適度運動，避免突然運動過猛、過久。在運動過後可多按揉、拍打小腿肚，並儘量拉伸、舒展腿部，加強肌肉放鬆，減少緊繃，以預防抽筋。

- 患有骨質疏鬆症的中老年人，小腿抽筋的情形也會加重，應多補充鈣質及含維生素D的食物，如：牛奶、小魚乾、海帶、豆類製品等。另外要注意：吸菸、喝酒、喝濃茶或咖啡都會加速身體鈣質的流失。

飲食調理

- 飲食均衡，儘量不要喝茶、咖啡、酒類、冰冷飲品。

- 補充鈣質，含鈣豐富的食物有乳類及其製品、綠色蔬菜、海帶、芝麻醬、骨湯。

- 食物宜多攝取綠色葉類蔬菜，或香蕉、柳橙、芹菜等天然食物。

- 多喝運動飲料，補充足夠的水份和電解質。

- 補充足夠的礦物質微量元素，例如鈣、鎂、鉀、鈉……等，例如蔬果中的花椰菜、秋葵、木瓜及海藻類……等飲食的均衡攝取。

樂活保健

黑胡椒、玫瑰天竺葵、百里香、迷迭香、絲柏、薰衣草等，都可改善小腿抽筋的疼痛，平日每周2-3次，睡前進行足浴或小腿按摩，能夠

有效預防。但請留意，懷孕初期不宜使用精油，至於百里香、迷迭香、絲柏……等更是孕期全程不宜使用的種類，須謹慎使用。

腿部紓壓保健伸展操

| 伸展要領 |
　將身體屈膝仰躺於床板或地板上，先將右腳腳踝放至左腳大腿上，再將雙腳抬起，雙手環抱於左大腿後側往胸前拉近（肩胛及尾椎貼地），並維持20至30秒，再換腳施行，可重複施行2至3次。

| 保健效果 | 可以伸展腿部（腿後腱肌群）、髖部（髖外旋、內旋肌群）、背部（豎脊肌群）。

| 特別推薦 | 久坐習慣的上班族、電腦族；有坐骨神經痛煩惱者

腿部伸展，增加肌力

溫馨推薦 1 按摩	配方	黑胡椒+迷迭香+薰衣草，上述精油各6滴，調勻30ml葡萄籽油
	用法	調勻後深層肌肉按摩，抽筋過後使用。也可以平日保養，在睡前局部按摩小腿肚。
	效用	紓緩抽筋後肌肉的緊繃感，改善抽筋過後的疼痛。

孕婦不宜使用。

溫馨推薦 2 熱敷 足浴	配方	薑+絲柏+玫瑰天竺葵，上述精油各3-4滴
	用法	倒入溫熱的水中，進行熱敷或足浴。
	效用	暢通血流、溫熱腿部、預防抽筋、增強肌力。

安心Tips

● 若長期一週抽筋達3至4次，有可能是椎間盤凸出或骨刺壓迫坐骨神經所導致。尤其家中有50歲以上的長者，若發現小腿抽筋次數增加，並伴有腰背疼痛的情形時，建議儘快找復健科醫師診斷檢查。

你也可以這樣做

● 運動過度激烈導致腿部痙攣，請用絲柏精油或迷迭香精油等做熱敷，很快便能得到改善。

● 半夜容易抽筋疼痛的人，睡前可用薰衣草和薑、黑胡椒……等精油滴入6-8滴，浸泡做足浴。

暈車──
動則得「暈」的動暈症

家有小學生的父母多半有這樣的經驗，孩子進行校外教學或年級旅遊時，需要安親媽媽隨行幫忙。

半大不小的孩子，對旅行是很期待的，自然很難控制情緒，每個人一上車總是東扭西扭，或是開始大啖糖果、忙著和同學換座位……，正因這些晃動，大大增加了暈車的機率，而且關鍵時刻往往是剛開車的那一個小時左右。

暈車後免不了嘔吐，嘔吐後如同連鎖反應般，不佳的氣味令更多孩子暈車，一群小孩難過到手腳無力，旅行有何歡愉可言呢？所以，除了協助老師看顧孩子們的安全，還有一件事情是很重要的，那就是幫助孩子們儘量穩定情緒，降低暈車的可能性。

瞄準保健

有些人乘坐車、船、飛機時，會因移動而造成腸胃不適、噁心嘔吐、眩暈、臉色蒼白及冒冷汗等，這是因為視覺與內耳平衡中樞產生的訊息不協調時（例如身體處於靜止，但眼睛卻察覺到移動）所發生的症狀，醫學上統稱做「動暈症」（Motion Sickness）。

動暈症在婦女（尤其是懷孕及經期間）及2至12歲的兒童較常發生。此外，像是氣味或乳製品、蛋白質或是鈉含量高的食物，也都會誘發動暈症。

震動頻率也是造成動暈症的原因之一。像是快速旋轉的遊樂器材或是路況不好時，震動頻率升高，也會導致動暈症發生。其中垂直頻率晃動的船最容易造成動暈症。研究發現，幾乎百分之百坐過船的人都曾有暈船的經驗。

寶貝自己

- 出將視線固定在遠方的某一個定點。儘量讓身體保持靜止並避免快速的頭部動 作。行車時不要閱讀書報。

- 快速的影像容易造成視覺刺激而暈車，所以不要讓視覺跟著周遭景物移動，像 是看飛馳而過的車子。可閉目養神、睡覺或聊天分散注意力，只要關閉視覺的傳導刺激即可避免暈車。

- 選擇坐在最安穩的位置，例如：船中央、飛機上較靠機翼或汽車的前座、或巴士中間稍前的位置。

- 乘車1小時前可服用暈車藥。大部分的暈車藥多以抗組織胺（用來治療鼻塞、 過敏的藥物成分）為主，其實就是要讓人昏昏欲睡，幫助入眠。

- 讓車廂內的空氣流通，每隔一段時間下車休息片刻，呼吸新鮮空氣，順便活動 筋骨，都可以降低暈車的發生。

- 充足的睡眠與休息。睡眠不足、體力差或是手腳容易冰冷的人，比較容易暈車。

- 如果出現暈車症狀，可按壓位於大拇指和食指中間的虎口處（合谷穴）來減輕不適。

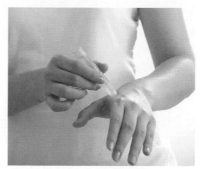

滾珠調和油塗按合谷穴

飲食調理

- 乘車前最好進食，但不要吃太飽。可選擇容易消化、簡單的碳水化合物，輕食。

- 不可飲用過量的酒類或含酒精的飲料。

要照顧暈車族，我特別推薦葡萄柚、薄荷、檸檬、薰衣草、佛手柑、甜茴香、薑……等精油進行芳香照護，而方法以直接嗅吸、滾珠塗抹較為方便。

溫馨推薦 1 塗抹	配方	葡萄柚或前述推薦的精油，取三種精油，各取4滴，加入10cc的甜杏仁油，調勻裝入滾珠精油瓶。
	用法	塗抹於鼻翼兩側、太陽穴及胸前，使用方便，隨時隨地皆可使用。
	效用	通暢呼吸，改善暈車想吐的感覺。

溫馨推薦 2 嗅吸	配方	薄荷+佛手柑+薰衣草 各10滴，調成複方精油，倒入深色精油瓶。
	用法	滴在手帕上，或滴入手掌中，摩擦後嗅吸。
	效用	調息吸聞，紓緩暈車、暈船、暈機的不適。

你也可以這樣做

● 計畫長途搭車之前，攜帶噴霧式噴瓶，裝入含薄荷精油或檸檬、尤加利精油，噴灑車內四周，藉由空氣中嗅吸，淨化空氣、也能防止暈車。

安心Tips

● 若有老年人在乘坐交通工具時發生頭昏、嘔吐、噁心、出冷汗等徵兆，因為老年人內耳前庭器官功能較遲鈍，對運動反應不太敏感，發生暈車機率不大，其他心腦血管急症（如心肌梗死、中風）患者也有以上症狀，所以應找醫務人員處理較妥當。

● 居家有植栽香草植物，如薄荷、檸檬桉、檸檬香茅……等都可摘取其新鮮葉片放入網狀袋小包裝，隨身攜帶、隨時嗅吸，舒暢呼吸。

驅蟲防蚊，
精油是最佳天然用品

以前，只要孩子們要去郊外踏青，我便用檸檬香茅、薄荷等精油調製一瓶防蚊噴霧劑，要求他們隨身攜帶，下車前事先噴灑於裸露的皮膚上，抹一抹，就能預防蚊蟲叮咬。行之有年，孩子都習以為常。

有一年，我正巧在外國進修，當年沒有msn也沒有skype，我和家人只能偶爾通通國際電話。正巧那個夏天，孩子們參加夏令營，少了媽媽的嘮叨，就把防蚊噴霧劑給忘了。事後我打電話回家，他們搶著電話告訴我：「媽媽，妳的精油真厲害，這次我忘記帶去，果然捐了很多血給蚊子！」我聽了真是又好笑又心疼。

植物精油裡有很多天然成分，剛好是人們很喜歡、蚊蟲很畏懼的物質，我喜歡用它來驅蟲防蚊，安全又芳香喔！

瞄準保健

台灣夏季天氣濕熱，蚊子特別多。被蚊子叮咬，不僅癢、腫難受，還可能會被傳染登革熱。目前市面上販售的各種蚊香和驅蚊劑可謂琳琅滿目，不管是傳統的蚊香，或是插片式、液態的電蚊香、防蚊液等，大都含有除蟲菊精或是DEET（敵避）成分，這些都是具有毒性的化學成分，使用上都是安全劑量，雖然對人體的傷害性不大，但長期使用難免有安全性的疑慮，尤其對於有呼吸道或皮膚過敏疾病的人來說，更是一種難以忍受的負擔。

許多精油其實就是最好的天然防蚊劑，不僅成分天然、驅蚊驅蟲力強，且味道受人喜愛，大部分精油對皮膚溫和又沒有副作用，不僅可直接塗抹，也能薰香或室內噴灑，人人可用、處處好用，是最環保、安全的選擇。

寶貝自己

- 保持居家環境清潔乾淨，並及時清除各種積水容器，以免孳生蚊蟲。並降低室內濕度，儘量維持相對濕度在50%左右。

- 許多植物具有驅蚊功效，像是迷迭香、薄荷、香茅草、熱帶羅勒（九層塔）等，很適合做為室內盆栽，可藉由它們散發出特殊氣味，讓蚊蟲不敢靠近。

- 運動或大量出汗後，應趕快洗澡以減少皮膚表面乳酸的排出量，還能降低體溫，保持清爽外也較不會被蚊蟲叮咬。

- 白天到戶外活動時，儘量穿著白色或淺色的長袖衣褲，既可防曬又可減少體味散播，比較不會吸引蚊子。

- 依據蚊子有避光、喜高溫陰暗潮濕和晝伏夜出的習性，所以夏日傍晚可開亮室內燈光，同時打開門窗，讓蚊蟲飛到室外，然後緊閉紗窗紗門，避免蚊子飛入。

檸檬香茅

飲食調理

- 多吃富含維生素B群的食物，如糙米、豆類、核果、水果、綠色蔬菜、奶類、海鮮以及瘦肉等或生吃適量的大蒜，經由代謝後排出體外的汗液，會產生一種蚊子不敢接近的氣味。

樂活保健

許多精油就是最好的天然防蚊劑，我常推薦百里香、檸檬香茅、檸檬、薰衣草、薄荷、茶樹等精油來驅蟲，但是有孕婦、嬰幼兒、蠶豆症患者的家庭則要謹慎選擇使用。

配方	百里香5滴+檸檬香茅5滴+薰衣草10滴+薄荷10滴，分別滴入空的深色精油瓶容器內，手心搓熱，調合均勻備用。
用法	將上述精油依不同用法調製成所需劑型使用
	1.純油使用：取1-2滴，局部塗抹在蚊蟲叮咬處。
	2.薰香：滴入6-8滴，利用水氧機、薰香燈等在室內擴香使用。
	3.除蚊噴霧：自製防蚊液噴灑，隨身攜帶，需要時噴在四肢肌膚外露處。
	4.除蚊膏：塗抹局部。

非常有效的防蚊小撇步！

在盆子裡裝入用香皂（用過剩下的碎片、碎塊即可）或皂絲與洗衣粉調和製成的肥皂水，然後將盆子放置於陰暗角落，可引誘蚊子在水裡產卵。

數日過後便可發現：盆子裡佈滿了許多死亡的蚊子幼蟲（孑孓），如此蚊子就會自然消失。

這是因為肥皂水的鹼性環境並不適合蚊蟲生存，但是它所散發出的香味，卻讓蚊子以為有食物而產卵於其中，但是水中的氧卻會與肥皂起作用而逐漸消耗殆盡，蚊子幼蟲最後因得不到氧氣而死亡。

安心Tips

● 使用含有天然防蚊液成分如為柑橘類精油例如佛手柑或檜木精油時要特別注意，塗抹在皮膚後4個小時內應避免日曬，否則會引起光過敏現象而引發皮膚色素沉澱。或隔3至5分鐘擦上物理性防曬產品後再出門。

你也可以這樣做

● 驅趕蟑螂：以薰衣草10滴+檸檬10滴+薄荷10滴+純淨水100ml，混合後噴灑蟑螂出沒處；或取4至6滴滴於棉花球上，放置在蟑螂經常出沒的區域和路徑。

● 驅趕白蟻：以茶樹15滴+薰衣草15滴+純淨水100ml，混合後噴灑環境；或取4至6滴滴於棉花球上，放置在木製家具、隔間或角落。

空間芳香——
滿室生香好心情

香味是一種無需言語就能讓人心領神會，充滿歡愉的天然元素。香味的功效很多，除了可以提神、解壓、抗憂、鎮靜、放鬆、紓解疲憊外，也能廣泛應用在生活空間中，當環境裡各個角落繚繞著不同香氣時，不僅讓人身心舒放、還可調節濕度、淨化空氣、除臭、抗菌防蟲，妙用多多。

運用天然植物精油讓生活環境瀰漫著自然香味，不僅能讓人不著痕跡的沾染芳香，在空間中體驗身心的美好，也能帶來健康、舒適的生活，讓我們感覺無比幸福、充滿快樂！

我在家時，最常使用的精油是檸檬和杜松漿果。晚間時刻，我會在客廳裡擴香，泡兩杯好茶，和先生窩在沙發上，各自讀著喜歡的書籍，偶有心得就跟對方分享。孩子大了，不能時時陪在我們身旁，所以我更加珍惜和另一半相處的時光；我用精油營造幸福的氛圍，和他享受平靜舒適的兩人世界。

誰說幸福浪漫是年輕人的專利呢？

樂活空間

你可以決定你家的裝潢，更可以決定家的氣味。請找出自己和家人都喜歡的精油，依循以下的用法和建議，營造出充滿樂活氛圍的芳香空間吧！

| 用法 |

空間芳香係透過嗅覺來吸聞香氣，因此可採用超音波水氧機、負離子擴香器、薰香燈等來擴香，並最好使用有溫控或定時開關的電熱式器具。或者製作空間噴霧劑，依需要隨時噴灑，可立即享受芬芳，舒展身心。

| 書房/辦公室／工作室 |

推薦：檀香、杜松漿果、葡萄柚、迷迭香、檸檬香茅、天竺葵、薰
　　　衣草、茶樹等精油。

效用：提振精神，擺脫疲倦；提神醒腦，創意再現。

| 客廳／餐廳／玄關 |

推薦：葡萄柚、迷迭香、薰衣草、薄荷、佛手柑等精油。

效用：享受清新，輕鬆愉快；氣氛融洽，溫馨舒適。

| 臥房 |

推薦：● 安眠：薰衣草、天竺葵、洋甘菊。

　　　● 浪漫氛圍：伊蘭伊蘭、茉莉、橙花、玫瑰。

　　　● 小孩房：香桃木、羅馬洋甘菊、薰衣草。

效用：甜蜜舒眠，養精蓄銳、舒展情緒。

| 病房／長輩房 |

推薦：杜松漿果、檸檬、茶樹、佛手柑、甜橙、薰衣草、乳香、檀
　　　香……等精油。

效用：改善氣場，淨化空間；釋放焦慮情緒，鎮靜安神。

| 浴室、廁所 |

推薦：檸檬、佛手柑、檸檬尤加利、玫瑰天竺葵、茶樹、其他柑橘
　　　類的果香系列精油。

效用：抗菌除臭，身心舒暢；放鬆心情、紓緩疲累。

你也可以這樣做

● 在家裡養一些芳香類植物，許多植物不僅能裝點居室，還能散發
　出宜人香味，淨化氣場，提高空氣中負離子濃度，例如茉莉、薄
　荷、薰衣草、玫瑰天竺葵、檸檬香茅、茶樹、檸檬桉……等。

● 喜歡花香又覺得養花麻煩，可將曬乾的桂花、薰衣草、玫瑰等花瓣放在絲襪、紗布或者竹籃中，或將乾燥花插在花瓶中，噴灑一些稀釋後的精油，可時時散發香味，既可裝飾品，又能散發香氛。

● 芳香彩晶球，調製容易，又五彩繽紛——紅色、黃色、綠色、藍色……五顏六色，為透明圓球狀，裝入香檳酒杯或紅酒酒杯，再滴入2-3種精油，擺放於書桌、客廳、臥房，讓室內瀰漫天然香味，身心舒暢，實用又環保。下列配方依個人喜好選擇搭配。

預期效果	推薦使用精油
提振精神	薄荷、檸檬、尤加利
增強免疫力	茶樹、尤加利、雪松
增添歡樂氛圍	佛手柑、葡萄柚、玫瑰、橙花

安心Tips

● 讓居家環境散發芳香氣味的辦法有很多種，但是最重要的原則就是要保證家人的健康，儘量避免使用空氣清新劑等化學產品。有研究指出，如果室內空氣的臭氧含量達到一定的濃度，就會和空氣清新劑中的芳香分子發生化學反應，從而產生含有甲醛的有害物質。選用天然芳香精油製造芳香氛圍，養身保健又舒活。

彩晶球的天然芳香，令人身心舒暢

樂活女王，Follow Me！

讀完本書，迫不及待想用精油芬芳自己的世界嗎？
在成為樂活女王之前，請容許我再次叮嚀——

芳療可以和醫療相輔相成

　　精油是增添生活情趣的完美元素，無論從醫學角度，或從心理、美容、養生方面來看，它都能放鬆緊繃的身心、紓解壓力、激勵情緒、澄清思維，甚至改善肌膚和頭髮的狀況，還能補充元氣——換言之，精油可預防也可療癒，可激勵也可放鬆，可生理也可心理——這種全方位的妙用和影響力，令接觸到芳療的朋友深深著迷。

　　在推崇精油芳香護理的同時，我們絕無貶低醫學在傷病上的貢獻，並深信芳療與醫療是可以相輔相成的兩股力量。

特別利於轉念和覺知自我

　　傳統以來，人們把「擴香」和「芳療」劃上等號，其實是狹隘的觀念。我們都知道，想瞭解一個人有許多種方法，想認識一種精油也是同樣的道理，既然精油是植物的靈魂，那麼我們便該相信，擁抱它的方式是多樣且自由的。

　　「一瓶精油走天下」或「一瓶精油治百病」的觀念已經落伍，每種精油自有其獨特的魅力，複方精油透過正確的調配，達到加成效果。精油在精神和內分泌方面的成效最為顯著，透過香氛嗅吸和冥想，往往能幫助我們轉念，並覺知自我的存在。

第一次使用必須先做測試

　　即使是天然的、高純度的精油，第一次使用時，都應有預防過敏的安全概念。

　　對於未曾使用過的精油種類，不妨先在前臂內側少量塗抹，倘若1至2天之內都沒有不舒服或特殊症狀出現，就代表身體可以接受這種精油，此時再以單方或複方或調油使用。調好的油請仔細標註成份、比例及日期。

這些朋友要特別小心精油

　　精油的分子很小，使用在孕婦身上，會透過胎盤進入胎兒體內，因此有些精油，例如：會穿透血腦障壁的精油是必須禁用的，尤其是單酮類，例如牛膝草、頭狀薰衣草、鼠尾草、綠薄荷、藏茴香、萬壽菊等。此外，某些精油會引起荷爾蒙波動，甚至有催情、通經的作用，凡是會促使子宮收縮或過度放鬆的精油，使用後都容易導致流產，絕不鼓勵孕婦使用。

　　至於高血壓、糖尿病、癲癇、氣喘、蠶豆症患者，或是肝、腎、消化、神經、內分泌系統有官能障礙者，還有嚴重貧血、癌症或正接受放射治療的患者，皆須事先請教醫師或專業芳療師，經過一對一面談,專業諮詢後再適當使用精油。

配方的建議劑量有其意義

　　精油是使用純化的方法，從植物的根、莖、葉、花、果實、種子、樹皮、樹脂、木心之中，萃取出來的一種具揮發

性且高濃度的芳香物質。在精油的世界裡，「天然的尚好」是無上法則。

在讚嘆精油的珍貴之際，請別忘記，高濃度精油只需區區幾滴，就能發揮極大的效用，因此每個配方的建議劑量都具有參考價值，若無把握，請勿任意更改。

精油應被當成寶貝來保存

精油的化學成分非常多樣，以玫瑰精油為例，約可分析出300種以上的化學成分，至於阿拉伯茉莉也有170種以上。既然如此，遠離熱源和日照，放置在光線無法直射、低溫且恆溫的環境裡，有助於預防變質。

至於精油的瓶身，以深褐、深藍或墨綠色為宜，瓶蓋要能轉緊，外層若能再加上木盒或厚布就更為理想。請留意使用期限，尤其是芸香科精油開封後應儘量在半年內用完。

成為活用精油的樂活女王

《芳香保健DIY》是我研究精油和授課多年的心血，將個人私房配方進行公開，希望幫助大家學會駕馭精油的力量。本書所提供的，不只是精油的使用技巧，還將芳香保健延伸到生活層面，透過飲食調理、營養素補充、經絡穴道按摩、芳香小物製作、安全貼心小撇步等，讓每位讀者都能達到樂活人生的目標。

請切記：精油只是我們追求樂活保健的祕密武器，真正的高手要能活用武器。當你習得這一切，就和我一樣，芳香生活化，身心喜悅，就是真正的「樂活女王」。

活用精油好處多多
一次學會舒壓解鬱，增添生活情趣

芳香小物輕鬆做
使用醫藥級進口單方精油

❋課程內容
空間噴霧、浴鹽、滾珠調和油、泡澡錠、體香膏
、紓壓香水、體香粉、金盞菊酊劑、無香精乳液
、複方精油、芳香蠟燭、魔幻彩球

完全體驗，生活更芳香

本課程可為企業團體專班授課，歡迎來電洽詢

芳香小品特惠贈送，前60名者即贈送
體香膏、魔幻彩球、個人化香水一套（如圖示）

卡爾儷健康美學顧問公司
地址:台北市和平西路一段150號3樓之3　電話:(02)2301-0966　傳真:(02)2309-9626
E-mail:colorybeauty@yahoo.com.tw　個人部落格:shereenleu.pixnet.net　網址:www.colorys.com.tw

讀者專屬 VIP 優惠券

全身經絡深層按摩

■全身經絡深層按摩：採用高檔植物精油，再配合穴位按摩，短時間讓尊客享受身心靈全方位紓壓，立即改善疲累身體，同時，藉由與身體對話以平衡身心、通體舒暢、活力加倍、年輕十歲。(療程原價**2400**元)

療程券使用注意事項：
● 憑本券享優惠價體驗。
● 本券為貴賓贈品，不得折抵現金或換購其它產品。
● 美麗漾與卡爾儷保有活動解釋與修改權利，如有任何疑問，請打諮詢專線／美麗漾：(02)2545-7859
　　　　　　　　　　　　　　卡爾儷：(02)2301-0966

✂ 請沿虛線剪下，憑券即刻生效。

美麗漾
Pretty Young House

全身經絡深層按摩　**60**分
原價2400元

VIP體驗價**880**元

專業美顏課程・芳療紓壓・美顏、美體教育顧問

美麗漾南京店：台北市復興北路141巷6弄1號　　諮詢專線：(02)2545-7859
卡爾儷和平店：台北市和平西路一段150號3樓之3　　諮詢專線：(02)2301-0966